航天科技图书出版基金资助出版

基于 SRAM 的 FPGA 容错技术

[巴西]费尔南达·利马·卡斯腾斯密得
路易吉·卡罗
里卡多·赖斯
著

杨孟飞 龚 健 文 亮 郝志刚 译

中国宇航出版社
·北京·

图书在版编目(CIP)数据

基于 SRAM 的 FPGA 容错技术 / (巴西)卡斯腾斯密得，(巴西)卡罗，(巴西)赖斯著；杨孟飞等译. —北京：中国宇航出版社，2009.12

ISBN 978-7-80218-618-7

Ⅰ.基…　Ⅱ.①卡…②卡…③赖…④杨…　Ⅲ.现场可编程门阵列－系统设计　Ⅳ.TP332.1

中国版本图书馆 CIP 数据核字(2009)第 108376 号

责任编辑　阎　列　**责任校对**　祝延萍　**封面设计**　03 工舍

出版发行　中国宇航出版社
社　址　北京市阜成路 8 号　　**邮　编**　100830
(010)68768548
网　址　www.caphbook.com / www.caphbook.com.cn
经　销　新华书店
发行部　(010)68371900　　(010)88530478(传真)
(010)68768541　　(010)68767294(传真)
零售店　读者服务部　　北京宇航文苑
(010)68371105　　(010)62529336
承　印　北京画中画印刷有限公司
版　次　2009 年 12 月第 1 版　　2009 年 12 月第 1 次印刷
规　格　880×1230　　**开　本**　1/32
印　张　6.5　　**字　数**　179 千字
书　号　ISBN 978-7-80218-618-7
定　价　45.00 元

本书如有印装质量问题，可与发行部联系调换

航天科技图书出版基金简介

航天科技图书出版基金是由中国航天科技集团公司于2007年设立的，旨在鼓励航天科技人员著书立说，不断积累和传承航天科技知识，为航天事业提供知识储备和技术支持，繁荣航天科技图书出版工作，促进航天事业又好又快地发展。基金资助项目由航天科技图书出版基金评审委员会审定，由中国宇航出版社出版。

申请出版基金资助的项目包括航天基础理论著作，航天工程技术著作，航天科技工具书，航天型号管理经验与管理思想集萃，世界航天各学科前沿技术发展译著以及有代表性的科研生产、经营管理译著，向社会公众普及航天知识、宣传航天文化的优秀读物等。出版基金每年评审1～2次，资助10～20项。

欢迎广大作者积极申请航天科技图书出版基金。可以登陆中国宇航出版社网站，点击"出版基金"专栏查询详情并下载基金申请表；也可以通过电话、信函索取申报指南和基金申请表。

网址：http://www.caphbook.com

电话：(010)68767205，68768904

译者序

基于 SRAM 的 FPGA 因其逻辑集成度高、使用方便、开发成本低，并且能够被重新编程，不但广泛应用于民用和工业领域，而且逐步在空间应用中采用。空间应用除了对可靠性要求很高以外，抗辐射是必须重点考虑的问题。书中针对这种需求，尤其是考虑空间环境中单粒子效应的影响，详细介绍了基于 SRAM 的 FPGA 这种可编程结构的多种容错技术，从加固工艺到各种层次的冗余技术以及基于重配置的刷新技术，研究对象从 FPGA 中通用组合逻辑和时序逻辑到其特有的 CLB，布线资源和 BRAM 结构，还包括相应的实验和分析，内容详尽丰富。

本书各章节内容在原文前言中已有介绍，在此不再赘述。本书的最大特点是实践性强。书中方法多是从实际的容错系统中总结出来的，并进行了归类、分析和总结，附有参考文献，让读者有据可查，不但为学术研究提供了基础，对工程实践也具有很强的参考价值。此外，本书专门讨论了基于 SRAM 的 FPGA 这类特殊器件的容错方法，而且主要面向空间的辐射问题，针对性很强，是我国航天器计算机和电子系统设计人员不可多得的一本参考书。本书可作为从事容错计算和空间电子系统研究和设计人员的参考用书。

本书由杨孟飞翻译第 1 章、第 6 章和第 7 章。龚健翻译前言部分和第 3 章，郝志刚翻译第 2 章、第 4 章和第 5 章，文亮翻译第 8 章、第 9 章和第 10 章。全书由杨孟飞负责审校定稿。

译者对原书中的一些印刷错误进行了修正，并在译文中进行了标注。由于本书涉及范围较广，译文中难免存在不足和错误，恳请广大读者批评指正。

译　者

2008 年 12 月于北京

致　谢

献给我的丈夫克里斯托弗，我的父亲路易斯·费尔南多和母亲安娜·玛丽亚，是他们一直支持我追随梦想。

费尔南达·利马·卡斯腾斯密得

献给埃里卡美好的未来，献给教育我思考的父母塞萨尔和埃斯特。

路易吉·卡罗

献给我的妻子露西娅，女儿玛丽安娜，儿子吉列尔梅和爱德华多，以及我的父母康斯坦丁和玛丽亚·德卢尔德。

里卡多·赖斯

作 者 简 介

费尔南达·古斯芒·德·利马·卡斯腾斯密得是位于巴西阿雷格里港（Porto Alegre）的南大河洲联邦大学（UFRGS）计算机科学系的教授。1997 年，她从巴西阿雷格里港南大河洲联邦大学获电气工程学学士学位，1999 年和 2003 年分别获计算机科学硕士学位和微电子学博士学位。1999 年，她曾工作于法国的格勒诺布尔（Grenoble）国家理工学院（INPG）；2001 年，工作于美国圣何塞（San Jose）的赛灵思（Xilinx）公司。她的研究兴趣包括超大规模集成电路（VLSI）测试和设计、故障效应、容错技术和可编程结构。她是美国电气和电子工程师协会（IEEE）的会员。

路易吉·卡罗 1962 年出生于巴西的阿雷格里港，分别于 1985 年和 1989 年从巴西南大河洲联邦大学获电气工程学学士和硕士学位。1989 年～1991 年，他就职于意大利阿格雷特（Agrate）的 ST 微电子研发小组，1996 年获巴西南大河洲联邦大学计算机科学系的博士学位。目前他是南大河洲联邦大学电气工程系讲师，负责向研究生和本科生讲授数字系统设计和数字信号处理学科。他也是该大学计算机科学研究生计划的成员，负责嵌入式系统、数字信号处理和 VLSI 设计的课程。他主要的研究兴趣包括混合信号设计、数字信号处理、混合信号和模拟测试及快速系统原型。他已针对这些主题发表了 90 多篇专业论文，著有《数字系统设计和原型》（葡萄牙语）一书。

里卡多·赖斯是巴西南大河洲联邦大学信息研究所教授。1978 年，他从巴西阿雷格里港南大河洲联邦大学获电气工程学学士学位。1983 年，他从法国格勒诺布尔国家理工学院获计算机科学和微电子系的博士学位。他的主要研究兴趣包括 VLSI 设计及 CAD、物理设计、设计方法学和容错技术。他在期刊和会议上发表专业论文 200 多篇，同时出版了一些专著。他曾任巴西计算机学会的会长，巴西微电子学会的副会长。他是国际信息处理联盟（IFIP）的副主席，曾获 IFIP 的银质奖章。他是《集成电路及系统》杂志（JICS）的主编。里卡多也是 IEEE 计算机设计与测试的拉美联络员。他还是几个学术会议的“组织和程序”委员会委员，是“集成电路及系统设计研讨会”（SBCCI）系列论坛的发起人之一。他是 IEEE 的会员。

前 言

本书介绍了用于可编程结构的多种容错技术，这种可编程结构就是著名的现场可编程门阵列（FPGA），通过静态随机访问存储器（SRAM）可进行用户定制。由于其具有信息密度大、性能高、开发成本较低及可重新编程的特性，FPGA 在空间领域具有越来越多的应用价值。特别是基于 SRAM 的 FPGA，对远距离任务很有价值，因为它能让用户在很短的时间间隔内任意多次重新编程。基于 SRAM 的 FPGA 和微控制器，是应用在空间领域众多器件的突出代表，也是本书重点讨论的内容，更具体的是指赛灵思公司（Xilinx）的 Virtex®系列和英特尔公司（Intel）的 8051 微控制器结构。

本书所述的内容从最新的针对专用集成电路（ASIC）和 FPGA 器件的单粒子翻转（SEU）减缓技术的研究，到基于 SRAM 的 FPGA 器件的新容错技术的应用和测试。在本书所述研究工作的第一个阶段，研究了现有的集成电路抗辐射防护技术。抗辐射容错技术可分为在制造流程中改变工艺，例如硅绝缘体（SOI）的制造；改变系统的硬件设计，例如 SEU 加固的存储器单元、检错纠错码（EDAC）和逻辑冗余。每种体系结构系统在使用减缓技术时需要进行权衡，迄今还没有最好的唯一的解决方法。人们从使用范围、成本和性能等方面来评价一些受人关注的技术。第一个作为案例研究的电路是 Intel 的 8051 微控制器（Intel，1994）。之所以选择这种微处理器，是因为它代表了目前空间应用中大多数系统的需求，代表了所有受保护的逻辑类型，它还是新一代基于带嵌入式微处理器硬核FPGA结构的一部分。

实验中所采用的8051微控制器的描述由南大河洲联邦大学开发（Carro，Pereira，Suzim，1996）。它由数据通路单元、控制单元、状态机、指令译码单元和嵌入式存储器组成。尽管与最新的微处理器相比，8051微控制器体系结构简单，但在这种结构中所作的假设能适用于任何其他类似处理器的电路。8051微控制器使用了诸如海明码和抗辐射加固触发器等技术（Lima et al.，2000a；Lima et al.，2000b）。采用故障注入（Lima et al.，2001a；Lima et al.，2002a；Lima et al.，2002b）和仿真对这些技术的效果进行了分析，并着重考虑了面积和性能方面的问题。

本书所述研究工作的第二个阶段，继续分析基于SRAM的FPGA以及这种体系结构的SEU效应。Xilinx公司Virtex®系列的FPGA是目前市场上最流行的高信息密度、高性能的FPGA，被选为本书的研究对象。在FPGA设计中有两种减缓SEU的方法，这在前面已提及。一种建立在改变FPGA结构的基础上，另一种基于在生成FPGA前修改高层设计描述。首先提出的是FPGA矩阵结构层应用的一些SEU减缓技术。基于SRAM的结构按照诸如查找表（LUT）、触发器、定制的布线、嵌入式存储器和锁相环（PLL）等功能的不同分成一些主要的块，并对其中多种块的SEU减缓技术进行了讨论。其目的是说明在Virtex®的FPGA中如何对每种技术进行权衡，以及通过掩模层的改变来开发一个新的结构的复杂性。这种研究基于第一阶段取得的经验。

因为开发和测试一个新的容错FPGA结构，受到诸如成本和上市时间的限制，所以必须研究高层描述技术。带有表决器的三模冗余（TMR）是ASIC抗SEU的通用技术，也能用于防护FPGA抵抗SEU的生成（Carmichael，2001）。在这种情况下，减缓技术能应用于高层设计描述语言，并在器件生成过程中不用对掩模过程进行任何改变。TMR 技术首先采用的是基于计数器的小规模设计并在 Virtex®结构中进行了测试，对 FPGA 中所有的敏感部分都注入了故障。本书详细分析了在 Virtex®平台上生成的 TMR 设计方法，以及在运行中产生的故障效应。

为了测试 Virtex®平台上采用 TMR 防护的更加复杂的设计（这种设计也可能包括嵌入的存储器），同样对一些类似于 8051 的微控制器描述也采用了 TMR 防护，并在 FPGA 平台上进行了测试。采用与 8051 微控制器相同的设计有很多优点，例如具有良好的描述知识，FPGA 中微控制器 IP 的重要性，以及与前面相同描述中所应用技术（海明码和 SEU 加固的存储器单元）对比的可能性。TMR 的 8051 微控制器通过故障注入及地面设备的质子辐射进行了测试（Lima et al.，2001b）。这些实验（Lima et al.，2001b；Carmichael，Fuller，Fabula，Lima，2001）的最后，在 Virtex®的 FPGA 中采用的 TMR，证实了 TMR 结构对恢复 FPGA 体系结构中翻转的功效。然而，TMR 结构也表现出一些局限性，例如面积开销大、多出 3 倍的输入和输出引脚，其结果是导致功耗显著增加并带来一些健壮性问题。结果表明有必要改进该技术以减小开销，同时努力提高健壮性。

在本书的第三个阶段，研究了其他针对 Virtex®的 FPGA 结构的 SEU 减缓技术。开发了一种针对基于 SRAM 的 FPGA、新的高层容错技术（Lima，Carro，Reis，2003a；Lima，Carro，Reis，2003b)。这种技术将时间和硬件冗余与某些附加的特性相结合，能够处理 FPGA 中的 SEU 效应，同时与传统的 TMR 方法相比能减少输入和输出端口以及面积开销。采用在原型电路板上模拟的故障注入实验，对该方法在组合和时序电路中进行了验证。结果证实这种新技术不仅能减少引脚数，也能减少面积，而不降低其性能和可靠性。

本书的结构如下。第 2 章描述采用 CMOS 流程制造的集成电路上的辐射效应，详细说明了 SEU 对 ASIC 和基于 SRAM 的 FPGA 结构的不同影响。这章给出了 Virtex® FPGA 的体系结构分析及其所有对辐射敏感的区域。第 3 章介绍了减缓辐射效应的主要技术，这些技术有的在市场上已得到应用，有的还处于研制阶段，诸如微处理器和存储器等 ASIC 以及 SRAM 编程和反熔丝工艺编程的 FPGA 等可编程结构。

第 4 章讨论了一些能应用于 FPGA 结构层的 SEU 减缓技术。FPGA 从功能上分成多个主逻辑块。每个逻辑块有不同的特性，容错技术必须考虑其特性。最后，根据现有的 SEU 减缓技术，提出了抗 SEU 的 FPGA。

第 5 章说明高层描述如何防护基于 SRAM 的 FPGA 免受辐射的问题。这章讲述了 FPGA 高层描述中的 TMR 技术。第 6 章介绍了在 FPGA 位流以及地面测试装置的辐射中，采用故障注入的方法评价 TMR 技术的健壮性。这章还提出了把位流中的翻转位和位于用户设计布局中 SRAM 单元联系起来的方法。获得的结果表明了这项工作的重要基础作用，因为它显示了基于 SRAM 的 FPGA 上 TMR 方法的局限性，给出了在基于 SRAM 的 FPGA 上研究 SEU 新的减缓设计技术的理由。

第 7 章给出了 Virtex® FPGA 上 TMR 防护的 8051 描述的应用和结果。TMR 技术的所有应用细节被谨慎地应用到 8051 的超高速集成电路硬件描述语言（VHDL）中，以便在更加复杂的设计中测试这种技术。最终的防护设计利用在 FPGA 位流以及地面测试装置的辐射中采用故障注入的方法进行了测试。结果和最终的评价列于该章结束部分。

第 8 章介绍了一种基于 SRAM 的 FPGA 的容错系统设计的新的高层技术，这种技术不用在 FPGA 结构中进行修改，就能够处理用户组合和时序逻辑中的瞬时故障。同时和传统的 TMR 相比，能减少引脚数、面积和功耗。这种方法的验证是通过对原型电路板上 VHDL 的故障注入实验来进行的。对其在故障覆盖率、面积和性能方面的结果，与 TMR 方法进行了比较。

第 8 章所介绍的技术在故障覆盖率方面存在一些局限性，原因是其采用标准的时间冗余方法来检测 FPGA 矩阵中的 SEU 效应。第 9 章提出了对第 8 章所论述的高层技术的改进方法。这种技术把双备份比较与并发错误检测技术相结合，来处理 FPGA 中的 SEU 永久效应，同时也减少了 TMR 的开销。此外，这种方法也能检测物理故障，这种故障是不能被重配置所纠正的永久性故障。通过在仿真线路板上进行故障注入实验，对此方法进行了验证，并对故障覆盖率以及与 TMR 方法的比较结果进行了评价。

最终的总结性评论放在第 10 章，其后是参考文献。由于计算机工艺在不断地进化，集成电路防护方面总有新的改进方法产生，可以用这些新的设计方法来抵抗故障的发生。本书为基于 SRAM 的 FPGA 提供了一些解决方法，这些基于 SRAM 的 FPGA 应用于商业领域，采用纳米工艺制造，并需要在出现翻转时能正确工作。当然，更多的研究还在不断地进行，因为研究的每一过程都会产生新的问题和新的解决方法。因此，本书的最后一章还讨论了未来的技术发展情况。

目　录

第1章 引 言

自从数年前空间应用中首次发生单粒子翻转事件以来，半导体器件的容错就已经成为一件有意义的事情。此后，为了使集成电路（IC）在如此恶劣的环境中能正常使用，尤其是受到多种应用领域，包括空间任务、卫星、高能物理实验以及其他领域（Nasa，2003）对使用抗辐射电路需求的推动，人们对容错技术的研究不断地增加。

空间飞行器使用的大量模拟和数字器件，对辐射具有潜在的敏感性，因此在空间应用中，这些器件必须受到防护或至少应该具有一定的抗辐射能力。目前，空间系统设计师一般使用抗辐射加固的器件来解决辐射效应的影响。然而，来自低成本和快速研发进度的要求，迫使人们放弃抗辐射加固的器件，而更多地使用标准商用货架器件（COTS）和军用器件（Katz et al. 1997；Obryan，Label，2001）。

空间辐射环境对空间飞行器的电子产品有着严重的影响，单粒子效应（SEE）是主要要考虑的影响（Barth，1997）。在空间应用中，SEE 能产生潜在的严重后果，包括信息丢失和功能失效。当具有足够转移能量的带电粒子击中芯片时，就可能发生 SEE 现象，进而引发系统故障。

根据带电粒子的能量大小和击中器件的位置，SEE 有可能产生损坏或瞬时效应。瞬时效应的主要结果是存储单元中的位翻转，亦称为单粒子翻转（SEU）。近几年，随着技术的进步，器件的结构越来越复杂，并带有大容量的嵌入式存储器，其晶体管尺寸遵守摩尔定律（Moore，1975）而大大减小，在这种情况下，SEU 的影响则不断地增强。

随着晶体管几何尺寸的减小，以及功能、速度和逻辑密度的变化，半导体器件的制造工艺也在不断地发展（SIA Semiconductor，1994）。如参考文献（Johnston，2000；Obryan，Label，2001；Obryan et al.，2002；Dupont et al.，2002）中所述，器件尺寸减小、功耗降低和运行速度增加，大大地降低了噪声容限，结果是超深亚微米（VDSM）集成电路的可靠性受到多种内在噪声源的影响。所谓可靠性是在给定的操作时间内不失效的概率，它被用来测量系统工作的良好程度和失效频度。

现在，器件的制造工艺正在趋向于无法制造免受翻转影响的 IC 器件，尤其对 SEU 更是如此。可以预见太阳活动产生的中子将对未来 IC 的运行产生重大的影响。在海平面上，这些粒子的能量还不足以影响集成电路的运行，但是随着尺寸接近 0.1 μm，或者采用非常低的供电电压，则宇宙中子引起的随机错误发生率是不可接受的，在飞行高度上的情况更糟。由封装材料产生的 α 粒子，是这些工艺引起软错误率增加的另一个原因（Normand，2001）。

防护集成电路抵抗翻转的必要性变得越来越明显（Johnston，2000；Label et al.，2000）。参考文献（Nermanel，Baker，1993；Normanal，1996，2001）中的实验研究表明，在大气环境中也存在着对航空电子系统产生 SEE 的中子。最近的研究也表明，当存储单元的晶体管沟道长度小于 0.25 μm，组合电路中的晶体管长度小于 0.13 μm 时，在空间环境或者大气层内运行时也可能产生翻转（Banmann，2001；Borel et al.，2001）。要知道，现在集成电路的制造工艺为 90 nm 或更小尺寸的互补金属氧化半导体（CMOS）工艺。为了保证使用的可靠性，许多关键的应用领域，如银行服务器、电子通信服务器和航空电子系统越来越多地考虑采用容错技术。

正如前面所讨论的，有两方面的因素使得无论是在空间还是在陆地应用集成电路时，为了处理辐射的影响而有必要对容错技术进行研究。这两方面因素，一是空间领域更多地应用 COTS 或军用器件；二是由于集成电路工艺尺寸的不断减小，而导致辐射敏感度不断增加。按照容错的定义，使用容错技术的目的是在翻转存在的情况下能维持集成电路系统正确运行。尽管最近几年针对如何避免SEU已研究出多种技术，但有效的容错解决方法对下一代半导体工业而言仍旧是一个挑战，特别是在新的结构越来越复杂的情况下。

容错技术的开发与目标器件紧密相关，需要详细分析相关系统结构中的翻转效应。对于每一种电路，有其最适合的解决方法。在过去的几年中，集成电路工业为了追求更好的性能、更高的逻辑密度和更低的成本而使其结构越来越复杂，例如应用专用集成电路(ASIC)，有数百万个晶体管的微处理器，高密度现场可编程门阵列(FPGA)组件以及最新的由嵌入式微处理器、存储器和模拟电路块组成的片上系统(SOC)。这些在单一芯片上提供大量信息处理能力的结构，给系统设计带来了重大的影响。它们的用途涵盖了广泛的应用领域，从便携系统到专用嵌入控制单元和计算机，尤其是FPGA增加的重配置特性是系统设计的一项重要改进，它缩短了系统的上市时间并增加了设计的灵活性。

最近几年，一系列事件使FPGA的市场份额不断扩大，如图1—1所示。几年来器件在技术上的不断进步以及摩尔定律的遵循，使得绝大多数应用领域中FPGA和ASIC在性能上变得几乎没有差异。此外，中低规模的FPGA器件与同样规模的ASIC在价格上也是相当的。对于上市时间而言，由于设计过程缩短和样机快速推出的必要性更增加了使用可编程逻辑的需要。

20世纪70年代，系统基本上由微处理器、存储芯片和分立逻辑器件组成；80年代，ASIC替代了大部分分立逻辑器件，某些部件由FPGA替代；90年代，分立逻辑器件几乎没有了，系统由微处理器、存储器ASIC片和FPGA组件组成。正如图1—1所示，在许多系统中ASIC正逐渐地被FPGA所取代。此外，为了能支持对逻辑密度和性能不断增加的需要，近几年在FPGA结构中不断地增加新的结构。现在，随着微处理器和存储器不断加入到FPGA矩阵中，FPGA已经能够替代微处理机和存储器了。

因此，新一代的FPGA结构不是解决ASIC与编程逻辑的差异，

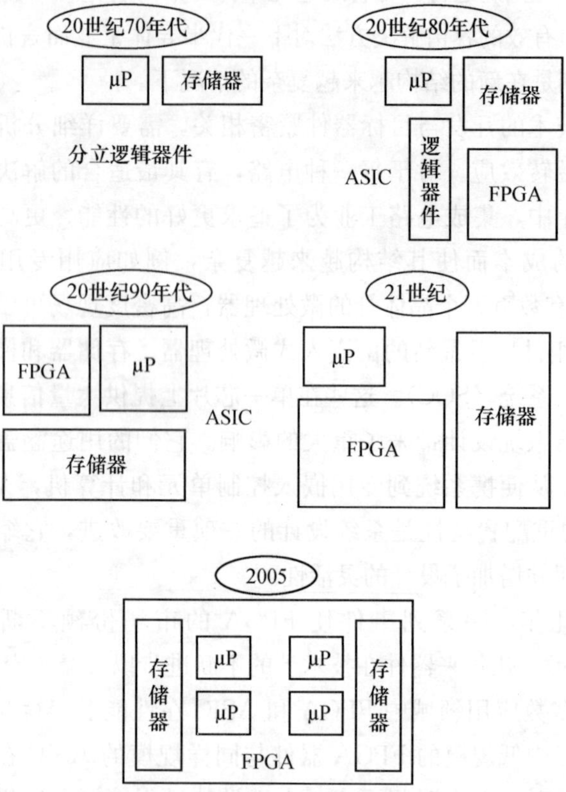

图 1－1　使用 FPGA 设计的进化

而是在同一个组件中将微处理器和可重配置特征结合使用，以使其具有更好的性能和灵活性（DAC，2001）。虽然 FPGA 在许多应用中已具有可重配置的能力和高性能，但在一些诸如数字信号处理（DSP）的应用中，为了追求更高性能，要采用高带宽，于是降低印制板空间、功耗和成本的手段增加了人们在可编程矩阵中使用嵌入微处理器的兴趣，更多的细节如图 1－2 所示。这种实践开始于在 FPGA 结构中采用软核的综合方法，以便获得性能与密度之间最好的平衡（Xilinx，2000；Altera，2001）。Virtex® Ⅱ－Pro 的矩阵中包括多达 4 个 IBM 嵌入 PowerPC 核心微处理器的硬核，这代产品实

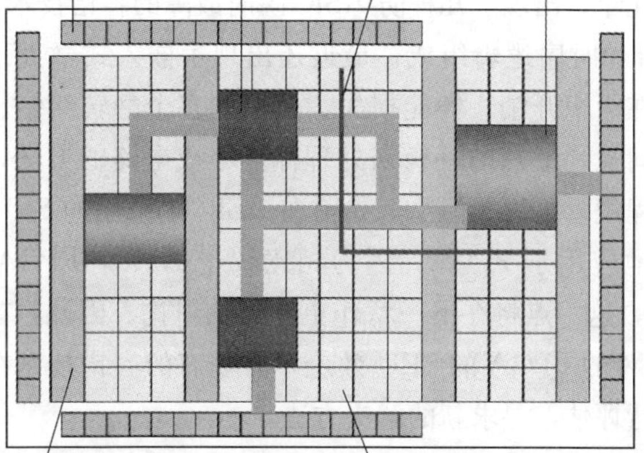

图1—2 FPGA的实际结构组成

现了更高的性能和复杂度（Xilinx，2001a)。

结果，由于FPGA在满足多种需求如高性能、低成本（对一次性工程NRE）和快速应用方面的灵活性，空间飞行器电子设计师对其的需求正日益增加。目前FPGA芯片有多种用户定制方式，其中最常用的一种是采用SRAM存储单元定制的FPGA芯片，使得在非常短的时间内现场定制任意多次成为可能，例如，由Xilinx生产的Virtex®，Virtex®—E和Virtex®—Ⅱ系列。因此，这种基于SRAM的FPGA对远程任务更有价值，因为它可以提供在轨设计修改，这样通过发射后纠正错误或提高系统性能，就可以实现降低任务成本的目标。

在空间应用中使用基于SRAM的FPGA所带来的优势，越来越多的嵌入存储器和诸如微处理器这些特殊器件的使用，使可编程逻辑器件的复杂度增加，也使我们研究可编程结构中新的SEU减缓技术的必要性大大增加。本书提供了关于可编程逻辑结构，特别是基于SRAM的FPGA结构的SEU减缓技术的研究和发展情况。考虑到最近才在空间应用中使用FPGA，因而在该领域还有许多工作要做，目前还没有有效的方法保证基于SRAM的FPGA在所有的条件下具有百分之百的抗 SEU 功能。

过去几年，出现了几种防 ASIC 瞬时故障的容错技术，由于 FPGA 由组合和时序逻辑组成，最近还出现了嵌入式微处理器，所以通过早先在面积开销、性能损失、单个和多个翻转纠错、工艺和制造成本之间找到最好的平衡来处理标准集成电路的方法，同样可以用于可编程逻辑结构。但是，先前在 ASIC 中采用的 SEU 减缓技术不能简单地应用于 FPGA，因为相比较于 ASIC，FPGA 有独特的 SEU 效应，这一点将在下一章作更深入的讨论。因此，首先要研究基于 SRAM 的 FPGA 的 SEU 效应，对现有的容错技术在使用上的局限性进行评估，寻求新的解决方法。

本书的目的就是通过分析现有的技术，提出适用于基于 SRAM 的 FPGA 的新型 SEU 减缓技术，并具有下列成本效益。

① 短上市时间；

② 低开发成本；

③ 高性能；

④ 低面积开销；

⑤ 低功耗；

⑥ 高可靠性。

在基于 SRAM 的 FPGA 中实现容错电路有两种途径，如图 1—3所示。第一种途径是设计一种包含容错单元的新的 FPGA 矩阵，这些新的单元既可以替代同样拓扑结构的旧的单元，又可以为了增加健壮性而开发新的结构。这两种方法的开发成本比较高，成本大小因开发的时间、所需开发工程师的数量和使用工艺的不同而不同。另一种途径是针对 FPGA 使用某种冗余结构，对高层次描述进行保护。这样，可以使用商用 FPGA 完成设计，并且在 FPGA 描述生成前，把 SEU 减缓技术应用到描述设计中。这种途径的成本低于前一种，因为在这种情况下，用户负责保护自己的设计，不需要开发和制造新的芯片。这样做，用户具有选择容错技术的灵活性，因此也就具有了在面积开销、性能和功耗上选择的自由性。

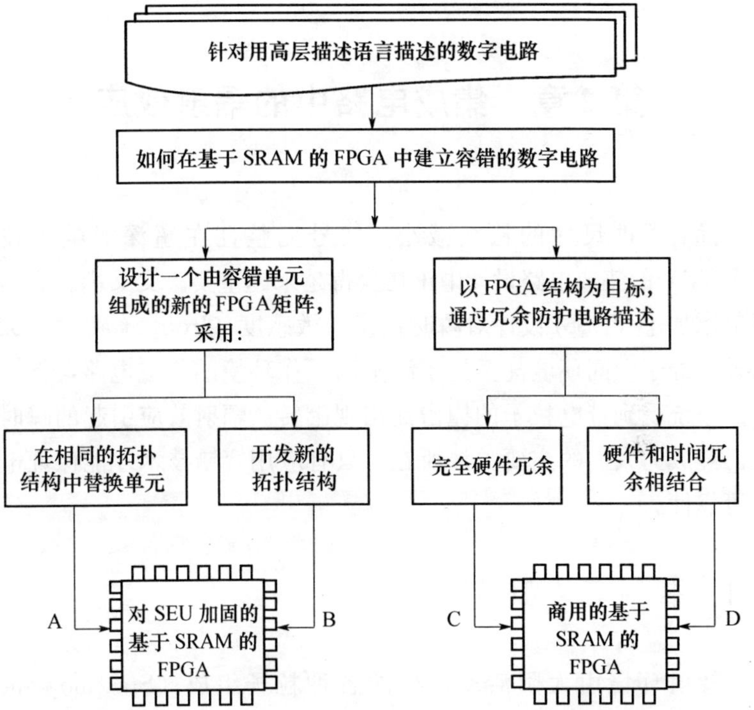

图 1—3 在基于 SRAM 的 FPGA 上实现数字电路防护的设计流程，其中方法 B 的成本高于方法 A，又远高于方法 C 和 D

在图 1—3 的总结中，4 种不同容错的 FPGA 分别以 A，B，C，D 表示，它们具有不同的成本。B 的成本高于 A，A 的成本远远高于 C，C 的成本又高于 D。由于市场需求不同，它们都有一定的应用范围。但是随着半导体工业更加强调上市时间和低成本生产，看来 C 和 D 更能引起人们的兴趣。本书提出并讨论了结构的和高层的方法，但是由于 A 和 B 的实现成本高，所以仅仅详细描述了 C 和 D 的设计和测试。后面各章将介绍这 4 种方法在防护基于 SRAM 的 FPGA 抗 SEU 方面的一些工作成果。

第 2 章　集成电路中的辐射效应

随着器件尺寸的持续减小，信号完整性在超深亚微米技术（VDSM）的集成电路设计中正在变得越来越重要。交叉耦合和地线反射增加了 VDSM 设计对瞬时错误的敏感度（Irom et al.，2002）。另外，处于空间环境甚至处于海平面工作环境的集成电路，都有可能因系统受到带电粒子的撞击而出现翻转。辐射效应引起的瞬时错误已经成为人们的主要关注所在，只有应用容错技术才能保证电路的可靠性。

2.1　辐射环境概述

辐射环境由太阳活动产生的各种粒子组成（Stassinopoulos，Raymond，1988；Barth，1997；Baumann，2001；Leray，2001）。这些粒子可以分为两种主要类型。

① 带电粒子，如电子、质子和重离子；

② 电磁辐射（光子），包括 X 射线、γ 射线，或者紫外线。

带电粒子中对辐射效应起主要作用的包括聚集在范艾伦辐射带中的质子和电子，聚集在磁气圈中的重离子、银河宇宙射线和太阳耀斑。带电粒子与硅原子相互作用会引起原子中电子的激发和电离（Obryan et al.，1998）。

当单个重离子撞击硅时，通过产生自由电子—空穴对释放出能量，进而导致在局部区域产生密集的电离轨迹，如图 2－1（a）所示。质子和中子在物质中游动时能够引起原子核的反应，如图 2－1（b）所示。这种小范围的反冲也能够产生电离。电离过程产生的电荷沉积可以用瞬时电流脉冲来建模，而瞬时电流脉冲可以认为是造

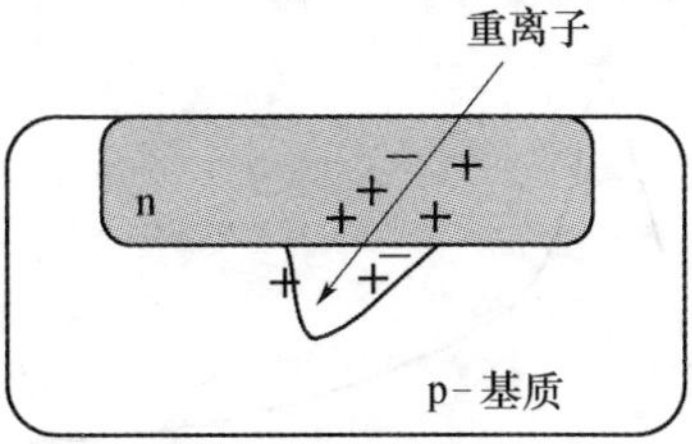

(a) 电离

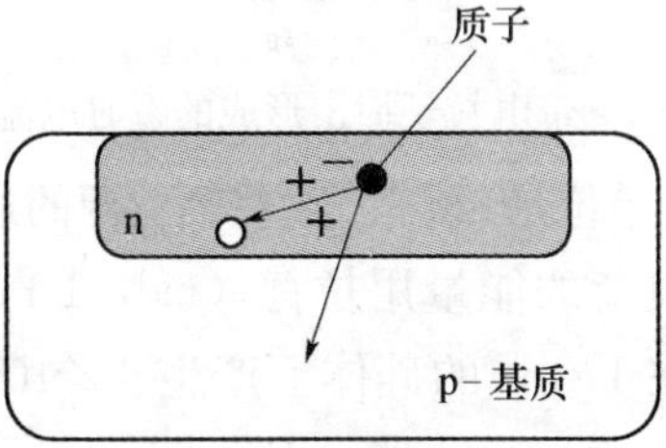

(b) 原子核反应→小范围反冲→电离

图 2—1　带电粒子击中硅表面

成电路翻转的信号。

不同的辐射源表现出不同的电荷沉积波形。此外，这种波形不仅取决于入射的位置和角度，还取决于诸如器件掺杂等工艺参数。这种电荷沉积机制通常用发生在粒子击中点的双指数电流脉冲来建模（Messenger，1982）

$$I_P(t) = I_0(e^{-t/\tau_\alpha} - e^{-t/\tau_\beta}) \tag{2-1}$$

式中　I_0——近似的最大电荷总电流；

τ_α——反应时间常数；

τ_β——初始建立离子轨迹的时间常数。

图 2—2 表示的是由粒子撞击而形成的瞬时电流脉冲的一般曲线，要注意的是，τ_α 要远高于 τ_β。曲线下的面积对应于总电荷数。正如在参考文献（Wirth et al.，2005a，2005b）中所讨论的，这种波形的形状是集成电路中是否发生 SEU 的决定性因素。

辐射对材料的影响通过粒子的能量和通量来进行计量。通量是指 1 s 内通过 1 cm^2 面积的粒子数，单位是 $s^{-1} \cdot cm^{-2}$。通量在时间上的

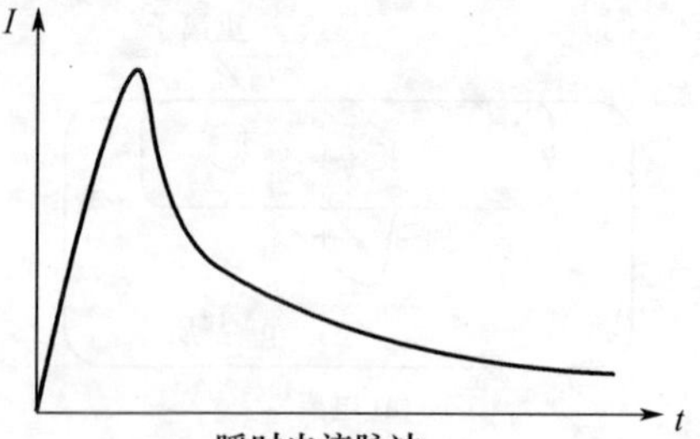

图 2—2　带电粒子撞击形成的瞬时电流脉冲

积分得到积分通量，单位是 cm^{-2}。这些辐射源的通量受太阳活动的影响。带电粒子所带电荷的能量用拉德（rad，1 rad＝10^{-2} J·s^{-1}）计量，这大致相当于在 1 cm^3 的硅体上产生 4×10^{13} 个电子—空穴对。粒子失去能量的比率称为阻止能（dE/dx）。能量增量 dE 通常用单位兆电子伏（MeV）计量，材料厚度通常用质量厚度进行计量，单位是 mg·cm^{-2}。传递到器件的能量称为线性能量转移（LET），以通过单位距离的能量增量来进行计量，单位是 MeV·cm^2/mg。能够引起 SEU 的最低 LET 称为 LET 阈值（LET_{th}）（Dentan，2000）。根据传递到硅体并保持电路正常工作的通量和能量的不同，可以有多种健壮级别。

依据测得的翻转数和通过器件的粒子数，可以计算出特定粒子引起翻转的可能性。将翻转数除以每平方厘米面积上引起翻转的粒子数所得到的相应的数值，称为该器件的截面，用每器件平方厘米进行计量。于是，器件对翻转的敏感度可以用截面 σ 和 LET 的函数关系来计量。图 2—3 表示的就是一条截面随 LET 变化的曲线。

分析图 2—3 所示的曲线可知，当 LET 低于 25 MeV 的粒子照射时，不会产生错误。对于 LET 为 25 MeV 的粒子，必须有超过 100 000 000个粒子通过电路的敏感区域才会触发一次翻转。对于 LET 为 50 MeV 的粒子，触发一次翻转需要每秒 10 000 个粒子通过。当 LET 为 100 MeV 时，只需每秒 100 个粒子即足以触发一次翻转。

在地面高度，中子是引起翻转的最常见的原因（Normand，

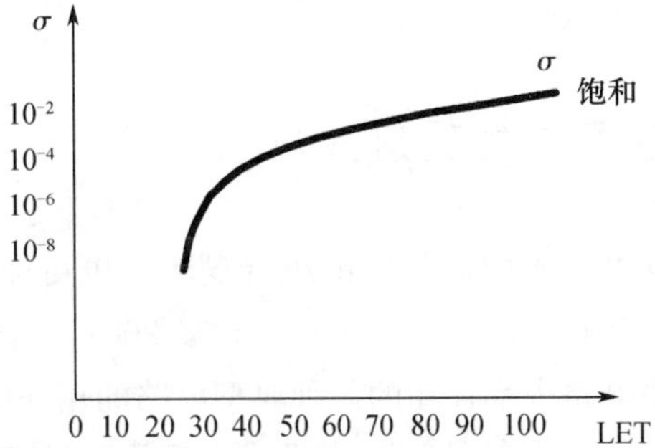

图 2—3　截面随 LET 变化的曲线

1996；Obryan et al.，1998；Baumann，Smith，2000）。中子来源于宇宙离子与高层大气层中氧气和氮气的相互作用。中子通量的形成主要取决于诸如海拔、纬度和经度等关键参数。其峰值大约在 60 000 英尺（约 20 000 m）高度。在 30 000 英尺（约10 000 m）高度的中子通量约为峰值的 1/3；而在地面，通量大约只有峰值的 1/400。在飞机的飞行高度，中子通量为 7 200 个中子/(cm^2 · h）。海平面高度的平均中子通量约为 20 个中子/（cm^2 · h），而中子通量的峰值能达到 14 400 个中子/（cm^2 · h）。

当高能中子与物质相互作用时，能产生自由电子—空穴对和低能中子。这些中子与半导体材料中特定类型的硼相互作用，产生了其他的粒子，如^{7}Li，γ 粒子和 α 粒子（Obryan et al.，1998）。其中，最需要关注的是活跃的 α 粒子，不过，这个问题可以通过材料工艺和封装来进行处理。原则上，非常仔细地挑选材料，能够将 α 粒子最小化。然而，这种处理方法十分昂贵，而且从来无法完全地解决问题（Dupont et al.，2002）。

细致分析辐射粒子对半导体的影响，仍然是当前我们面临的一个挑战。困难之一是预测在存储数据的周围区域究竟会聚集着多大比例的电子—空穴对，正是这个比例决定了由辐射导致的电荷引起存储数据错误的临界点。辅助的分析方法包括借助复杂的 3D 仿真手段来得到撞击产生的电流脉冲的精确形状，同时探索电子—空穴对如何使存储数据失效。

2.2 集成电路中的辐射效应

单个粒子既可能击中硅片中的组合逻辑，也可能击中时序逻辑(Crain et al.，2001；Alexandrescu et al.，2002)。图 2－4 所示的是几乎所有时序电路中都存在的一种典型电路的拓扑结构。来自第 1 个锁存器的数据通常在时钟的下降沿或上升沿到达组合逻辑，并同时执行逻辑操作。在到达下一个时钟下降沿或上升沿之前，组合逻辑的输出进入第 2 个锁存器。在该时钟沿，锁存器存储其输入端发生的任何数据变化（满足建立和保持时间）。

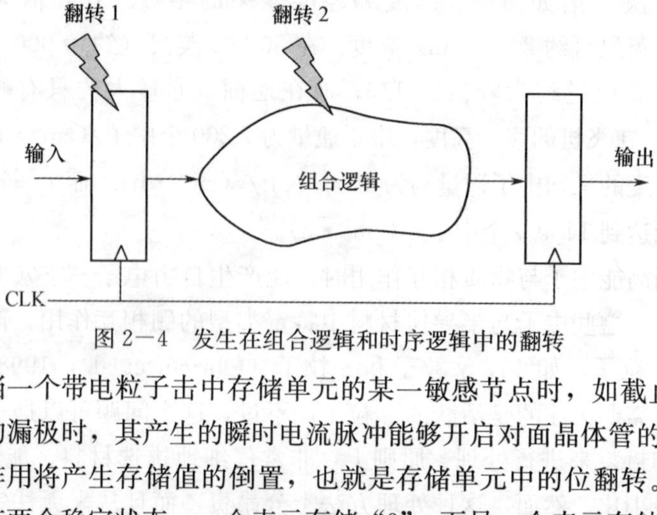

图 2－4　发生在组合逻辑和时序逻辑中的翻转

当一个带电粒子击中存储单元的某一敏感节点时，如截止态晶体管的漏极时，其产生的瞬时电流脉冲能够开启对面晶体管的栅极。这种作用将产生存储值的倒置，也就是存储单元中的位翻转。存储单元有两个稳定状态，一个表示存储“0”，而另一个表示存储“1”。每种状态都有两个晶体管开启和两个晶体管关闭（SEU 以漏极为目标）。存储单元中的位翻转发生在高能粒子引起电路中晶体管状态反转的时刻，如图 2－5 所示。这种效应就是 SEU 效应，它也是数字电路中需要重点关注的问题之一。

当一个带电粒子击中组合逻辑块时，同样会产生瞬时电流脉冲，

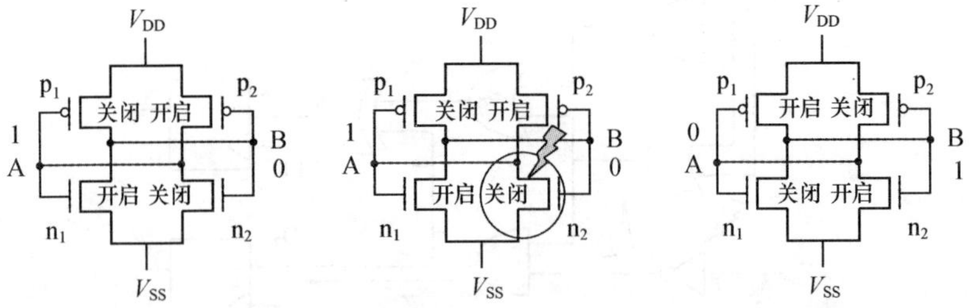

图 2—5　SRAM 存储单元中的 SEU 效应

这种现象称为单粒子瞬时效应（SET）（Leavy et al.，1991）。如果逻辑运行速度足够快，以至于传播了引入的瞬时电流脉冲，那么该 SET 将最终出现在第 2 个锁存器的输入端，并被认为是有效的信号，如图 2—4 所示。该 SET 是否会被当做真正数据而得到保存，取决于当时它到达的时间和时钟下降沿或上升沿之间的关系。

图 2—6 表示的是一个组合逻辑中的信号路径。参考文献（Hass et al.，1998，1999）讨论了 SET 转变为 SEU 的可能性。对包括多个路径的大型电路进行 SET 分析，是一项十分复杂的工作。参考文献（Mohanram，2005）提到了诸如时序分析等技术，它们可以用来分析组合逻辑中的 SEU 被存储单元保存或导致设计在工作中发生错误的可能性。附加的无效瞬时脉冲，会由于控制逻辑功能的全局信号线中发生 SET，而出现在组合逻辑的输出端。这方面的一个示例就是发生在算术逻辑单元（ALU）指令线上的 SET。在参考文献（Nicolaidis，Perez，2003）中，对一些诱发形成的瞬时电流脉冲的宽度进行了测量，以获得用于容错分析的更精确的模型。

请注意，由于逻辑扇出的原因，单个 SET 也可能在输出端产生多个瞬时电流脉冲。因此，一旦 SET 被触发器捕获，则逻辑中的 SET 也可能引起寄存器的多位翻转（MBU）。

通过更细致的分析可知，集成电路中的敏感区域位于处在反偏截止态的晶体管的反偏漏结的周围（Dodd，Massengill，2003），正如图 2—7 所示的一个截止态 p 沟道晶体管的漏极。当电流通过被击中的晶体管时，处于开启态的晶体管（图 2—7 所示的 N 沟道晶体

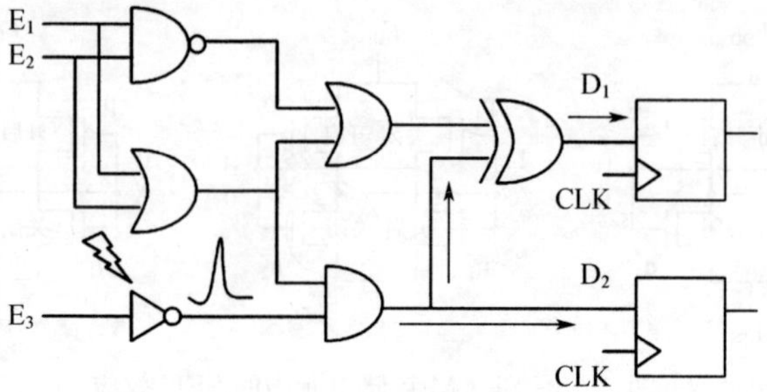

图 2－6　组合逻辑中的 SET 效应（ANGHEL et al.，2000）

管）传导电流，试图抵消因带电粒子撞击而产生的电流。事实上，在被击节点有 3 个电流分量，粒子撞击产生的电流 I_P，流过开启态晶体管的电流 I_{ON} 以及在节点对寄生电容进行充电的电流 I_C。$I_C(t)$ 指对节点等效电容充电并引起位翻转的电流，其大小为

$$I_C(t) = I_P(t) - I_{ON}(t) \tag{2-2}$$

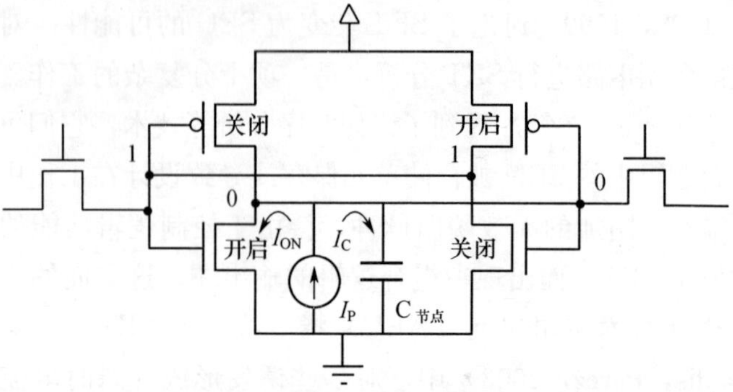

图 2－7　SRAM 存储单元的 SEU 效应

如果粒子撞击产生的电流足够大，则导通的晶体管将无法抵消该电流，同时节点将发生电压变化。这种电压变化可能被传播至对面的反相器，并导致存储在存储单元中的位发生翻转。如果这种瞬时电压通过对面的反相器反馈，则会发生 SEU；如果通过导通晶体管的电流将被击节点上的电压恢复，则不会观察到 SEU 的发生。

由于器件尺寸的缩小，在新的工艺流程中临界电荷已经被减少了。例如，当所有的物理器件尺寸诸如栅长 L，栅极宽度 W 和栅氧

化层厚度 T_{OX} 都在减小时，区域面积也在不断地减小，供电电压 V_{DD} 和阈值电压 V_{th} 也会相应成比例地减小。这导致成比例地出现了更低的漏电流（I_{ON}），更低的负载电容（C）和更低的电路门延迟（$C \times V_{DD}/I_{ON}$），也就意味着存储信息所需的电荷和电流的减少。于是，器件更易受辐射影响，这样之前可以被忽略的携带低电荷的粒子，也变得极有可能导致翻转出现。

2.2.1 SEU 的分类

根据电路中同时发生翻转的数目，SEU 可以被分为第 1 级、第 2 级和第 3 级影响。单位翻转（SBU）① 属于第 1 级影响，多位翻转（MBU）属于第 2 级或第 3 级影响。MBU 可能在单个带电粒子以几乎与裸片表面平行的小角度穿越集成电路时发生，此时直接电离或原子核反冲击中 2 个敏感结（Zoutendyk et al.，1989）。

参考文献（Reed et al.，1997）提到，进行的实验表明，单个离子使处于质子和重离子流中的存储器发生了多位翻转。当 LET 高于 25 $MeV \cdot cm^2/mg$ 时，在所有入射角都观测到了 MBU。MBU 有 3 种类型。第 1 类发生在当单个离子击中两个相邻但却位于不同存储单元的敏感节点时，这种情况被归为第 2 级影响。这种类型的 MBU 可以通过特殊的布局来避免其发生，例如同一个寄存器或存储数据的存储单元可以彼此分开布局，从而避免同一带电粒子击中并影响同一个数据结构的两个或多个邻近单元。

第 2 类 MBU 发生在单个粒子击中位于同一存储单元的 2 个邻近敏感节点时，这种类型被归为第 3 级影响。这种多点击中发生的可能性可以在电路设计中被减少至最小，方法是通过慎重的物理布局将关键节点的连接距离加大，并通过排列连接点，使每个连接所在区域相对于其他区域是最小的。

第 3 类 MBU 发生在多个粒子击中硅片上的多个敏感节点，从而

---

① 原文为 SEU，似有误。——译者注

引起多个存储单元翻转时。这种类型可以当做一组 SEU 进行分析，并且表现出相同的抗翻转特性。根据参考文献（Reed et al.，1997）所述，大多数发生在邻近单元的多位翻转是由单个粒子引发的。超过一个带电粒子在邻近单元发生相互作用，并在小于 1 s 的周期内引起翻转的概率是非常低的。在参考文献（Velazco et al.，1999）中，通过 2 个 SRAM 存储器（日立（Hitachi）和马特拉－哈里斯半导体厂（MHS）生产）的一些 SEU 飞行结果也可以证实这一点。在所分析的时间周期中，观察到总数为 691 个的翻转，其中的 333 个发生在 Hitachi 生产的 SRAM 上，另外 358 个发生在 MHS 生产的 SRAM 上。在这些翻转中，只有少数的多位翻转，Hitachi 生产的 SRAM 发生了 8 个双位翻转，而 MHS 生产的 SRAM 发生了 3 个。存储器字中的位翻转分布是均衡的，并且从所有的测试结果来看，从 1 到 0 的翻转概率要略高于从 0 到 1 的翻转概率。

2.3　基于 SRAM 的 FPGA 的特有影响

赛灵思公司（Xilinx）的 Virtex® 系列（Xilinx，2000）因其高密度和高性能，已经成为目前市场上最受欢迎的基于 SRAM 的可编程器件之一。其支持的可配置门数范围从 50 k 到 1 M 不等。该系列 FPGA 采用 0.22 μm，5 层金属的 CMOS 加工工艺，在很薄的外延型硅晶片上制作而成。因其低成本、高密度和可重配置的特性，Virtex® 系列在航天领域中具有很高的应用价值，它能够有效地降低任务成本。由于采用了 VDSM 设计，该系列对辐射效应十分敏感，因而必须对它的结构进行研究以实现抗翻转。

Virtex® 的结构由一个可变换的规则的矩阵组成，包括被可编程输入输出块（IOB）环绕的可配置逻辑块（CLB）阵列，并且都是通过多层次的快速、通用布线源相互连接。CLB 的结构是一个由查找表（LUT）、触发器和布线资源（开关矩阵，多路选择器和连接线）共同构成的复杂结构，如图 2—8 所示。CLB 提供用于构建逻辑的功能单元，同时IOB提供封装管脚和CLB之间的接口。逻辑块间通过通用布线矩阵（GRM）相互连接，GRM包含一个位于水平和垂直布线通道交叉点的布线开关组成的阵列。Virtex®矩阵也包括被称为可选择RAM块（BRAM）的专用存储块（每块容量4 096位），用于时钟分配延迟补偿和时钟域控制的时钟延迟锁相环（DLL），以及与每个CLB相连的2个三态缓冲器（BUFT）。

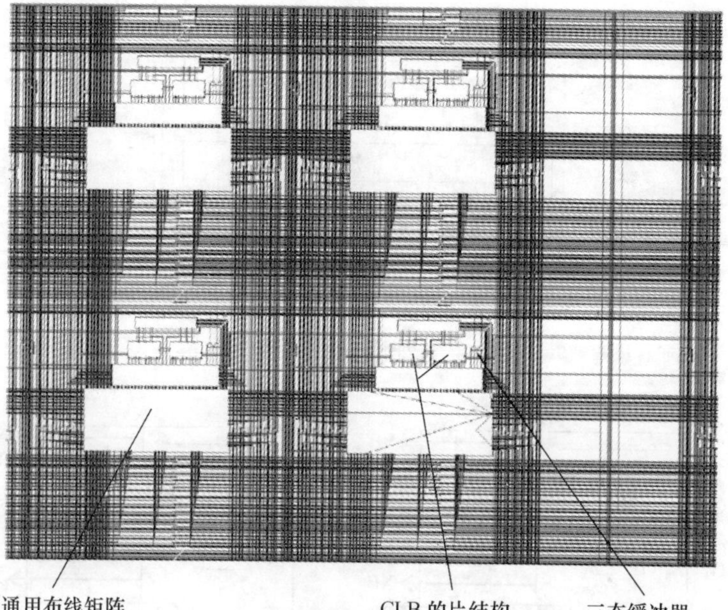

图2—8 Xilinx公司Virtex®系列FPGA结构模型示例

CLB块结构包括由LUT和触发器组成的CLB片结构：单（S）矩阵、六（H）矩阵、输入多路选择器、输出多路选择器和三态缓冲器，如图2—9所示。S矩阵和H矩阵共同组成了通用GRM。

每个CLB块结构包含2个片结构。每个片结构具有2个四输入LUT，2个D触发器和一些进位逻辑，如图2—10所示。片结构中的主要元件是F和G查找表，以及X和Y触发器。片结构同时包括用于控制内部资源连接关系的内部多路选择器。最后，每个片结构中都包含用于完成算术类逻辑运算的快速进位逻辑元件。

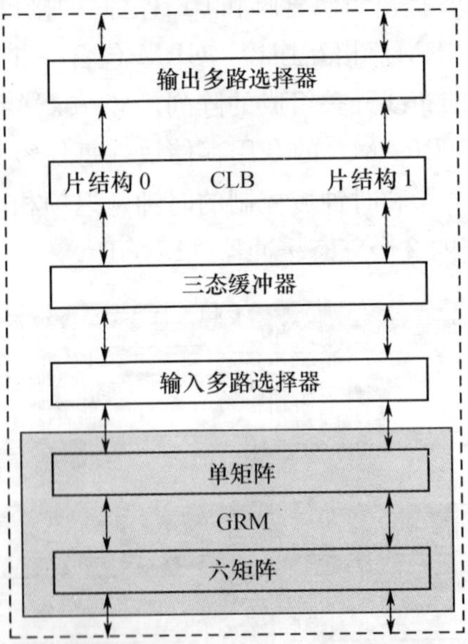

图 2－9　Virtex®系列 FPGA 的可配置逻辑块（CLB）

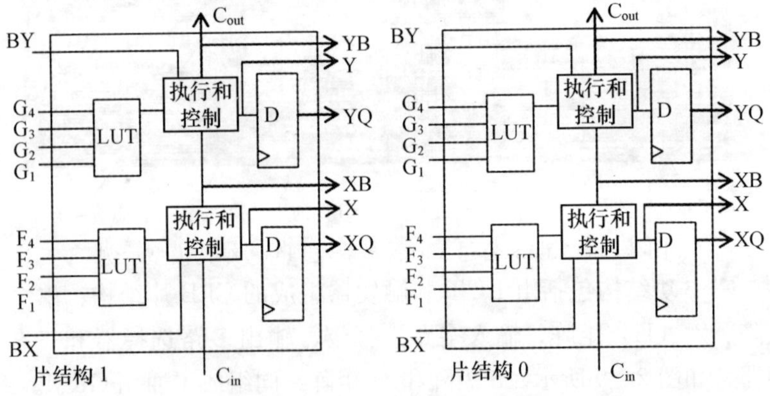

图 2－10　Virtex®系列 FPGA 的
CLB 中片结构 0 和片结构 1 的示意简图

每个 CLB 片结构都能完成任意 2 个四输入逻辑函数甚至某些九输入函数的运算。函数发生器用 LUT 来实现，如图 2－11所示。除了能作为函数发生器来使用外，每个 LUT 还可以提供一个 16×1 位的同步 RAM。此外，同一片结构内的 2 个 LUT 还可以组合成一个 16×2 位或 32×1 位的同步 RAM，一个 16×1 位的双口同步 RAM 或一个 6 位的移位寄存器。

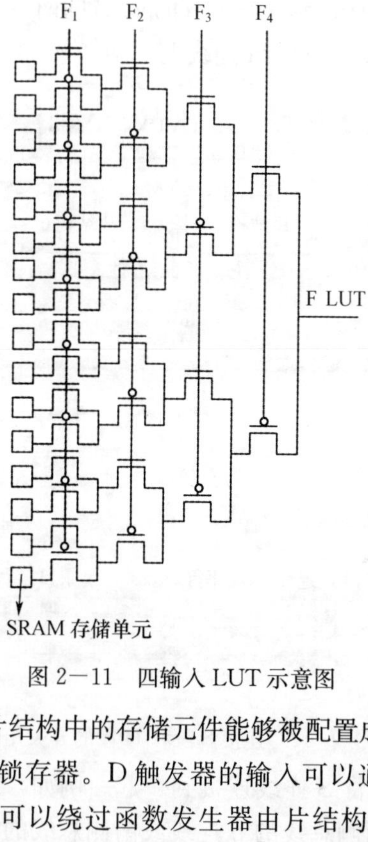

图 2—11　四输入 LUT 示意图

Virtex® 系列片结构中的存储元件能够被配置成边沿触发的 D 触发器或电平敏感的锁存器。D 触发器的输入可以通过片结构内的函数发生器驱动，也可以绕过函数发生器由片结构输入端直接驱动。除了时钟和时钟使能信号外，每个片结构都有同步置位和复位信号（SR 和 BY)。SR 信号将存储元件强制恢复到配置中为其指定的初始状态，而 BY 信号则将其置于相反的状态。每个 Virtex® 系列的 CLB 包含 2 个能驱动片结构总线的三态缓冲器（BUFT)。每个 Virtex® 系列的 BUFT 有一个独立的三态控制引脚和一个独立的输入引脚。

通用 GRM 使用两种连线：单长度（S）连线和六长度（H）连

线，如图 2—12 所示。S 连线终止于相邻的 CLB，而 H 连线在相隔 6 个 CLB 处终止。S 连线用于局部 CLB 间的数据传输，而 H 连线用于将数据传输至非局部的 CLB。S 连线和 H 连线分别组成总线，并在四个主要方向上延伸：北、东、南和西。相邻的 CLB 都是直接连接的。北 S 连线直接连到在它上方的 CLB 的南 S 连线。西 H 连线直接连到相隔 6 个 CLB 的东 H 连线上。

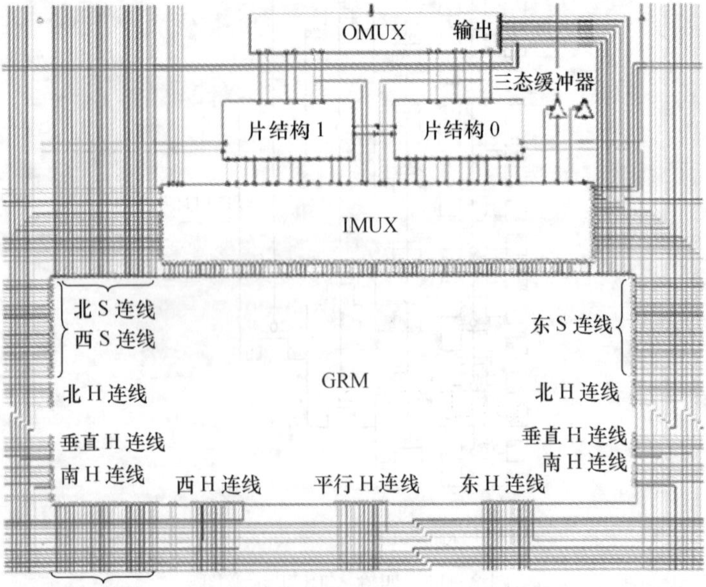

图 2—12　连接 S 段和 H 段的开关矩阵

S 开关盒用于将 S 连线连接到一起。例如，北侧总线上的 S 连线可以被连接到西侧总线的 S 连线或南侧总线的 S 连线上。H 开关盒用于将 H 连线连接到一起。使用 H 开关盒，信号可以穿过 H 连线到达其上的 6 个 CLB，然后再转向西侧的 6 个 CLB。总之，GRM 允许 S 连线和 H 连线相连，允许 S 连线连接至输入多路选择器以及输出多路选择器。连接可以通过由位流控制的可编程互连点（PIP）来完成，如图 2—13 所示。

S 连线在每个方向上从 23 到 0 进行编号。当 S 连线与其他 S 连

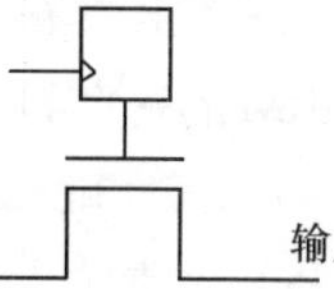

图 2—13　可编程互连点（PIP）

图中的正方形代表控制晶体管导通的 SRAM 存储单元

线连接时，PIP 被命名为 S 到 S 连线。所有 S 到 S 连线的连接都是双向的，这意味着它们可以在两个方向上进行工作。通常，经由多于两条 S 连线和两条 H 连线时，所有 S 连线都可以被连至与其相对的 S 连线上（S 南侧到 S 北侧，S 东侧到 S 西侧）。当 S 连线被连至 H 连线时，PIP 被称为单向 H 到 S 连线（连接到单向 H 连线上）或双向 H 到 S 连线（连接到双向 H 连线上）。

H 连线使用多路选择器和缓冲器来进行切换，如图 2—14 所示。H 连线可以是单向入（只驱动数据进入 CLB），或者是单向出（只驱动数据从 CLB 流出）。双向的 H 连线可以驱动数据输入或输出。电路只能驱动数据沿唯一方向在双向连线上传输，否则将导致发生竞争而损坏或损毁器件。H 连线在每个方向上从 11 到 0 进行编号。当它们是双向时，编号为 3 到 0；单向时，编号为 11 到 4。

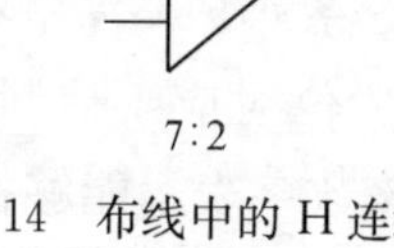

图 2—14　布线中的 H 连线连接

H 连线的一个特性是它们只能在两端被引导，即在第 1 个 CLB 和第 6 个 CLB 上。但它们可以被位于中间 CLB（从起点开始的第 3 个）的 GRM 读取。任意水平缓冲 H 连线连接的两侧端点被命名为 hex _ west _

#或 hex_east_#，中间的抽头线连接被命名为 hex_horiz_m#，其中#的范围从 11 到 0。连接 GRM 的垂直 H 连线也有相同的命名方式，分别为 hex_north_#，hex_south_#和 hex_vert_m#。

输入多路选择器（IMUX）负责输入片与 GRM 之间的连接。每个片结构有 13 个输入，包括 F_1～F_4，G_1～G_4，CLK，SR 等。每个输入都有一个能够决定哪条线进行驱动输入的多路选择器与之相连。

同样，输出多路选择器（OMUX）负责输出片到与 GRM 相连的输出线之间的连接。有 8 个输出多路选择器与每个 CLB 的 8 个输出（Out_0～Out_7）相连，如图 2－15 所示。每个输出多路选择器都能选择多个不同片输出，并将这些信号驱动至通用布线。通过驱动多个输出多路选择器，一个片输出就能够被扇出至多个位置。

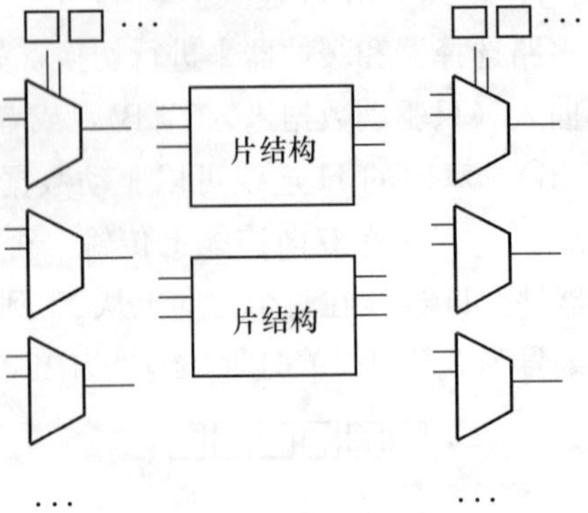

图 2－15　布线中的输入和输出多路选择器

图中的正方形代表 SRAM 存储单元

表 2－1 表示了 Virtex® 系列 FPGA 中对于一个 CLB 块的定制位总数。要注意，35％的配置位对应于控制 S 矩阵中 S 连线连接的 PIP。分析 H 矩阵可知，该数字表示能够控制多路选择器和缓冲器的所有配置位。有 3 位用于控制每个多路选择器，另外每个 H 双向线都有 1 位用于控制缓冲器。用于控制输入、输出多路选择器的定制位大约占了总数的 33％，几乎与 PIP 数目相同。用于实现逻辑（LUT 部分）的定制位较少，仅占 14％。

表 2－1　CLB 块中的定制位数

分　类	位数（百分数/%）
OMUX	56（6.48%）
CLB 片	125（14.47%）
三态缓冲器	14（1.62%）
IMUX	231（26.74%）
S 矩阵	304（35.18%）
H 矩阵	112（12.96%）
未使用	22（2.55%）

Virtex®系列有一些大容量的可选 BRAM。每个嵌入式存储器可以被配置成最高 4 096 位①、单口或双口模式，如图 2－16 所示。这些块存储器补充提供了在 CLB 中发挥作用的浅 RAM 结构的分布式查找表 RAM。BRAM 存储器按列组织排列。所有 Virtex®系列中的器件都包括这样两个沿垂直边分布的列。这些列占据了芯片的整个高度。每个存储器块有 4 个 CLB 高，因此，一个高度为 64 个 CLB 的 Virtex®系列器件包含每列 16 块、总数为 32 块的存储器。在 Virtex®-E 的矩阵中有 4 个 BRAM 列。

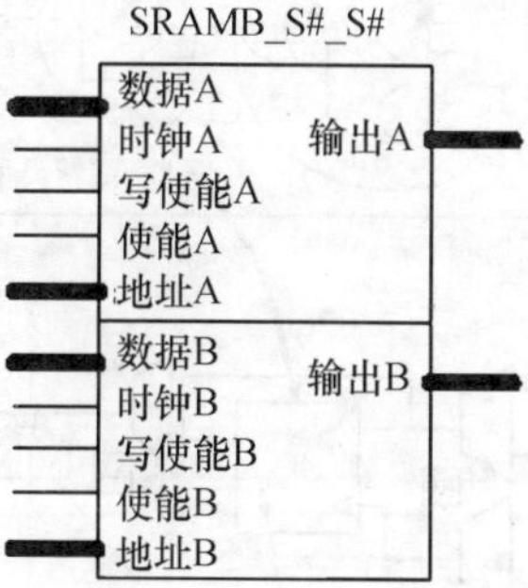

图 2－16　嵌入式 BRAM

① 原文为 4 098 位，似有误。——译者注

Virtex®系列的器件通过向矩阵中载入配置位流（配置位的集合）来完成编程。器件能够在任意时刻通过载入新的位流实现功能改变。位流被分成帧结构，并且包含了用于配置矩阵中可编程存储单元（即查找表和触发器，CLB 配置单元、内部连接和嵌入式存储器中的存储单元）的所有信息。所有这些位都可能对 SEU 敏感，因而都是我们研究的对象。

当粒子击中用户的组合逻辑时，SEU 会对 FPGA 产生特有的影响。在 ASIC 中，粒子击中组合逻辑或时序逻辑所产生的影响是暂时的，其区别只在于故障的持续时间。组合逻辑中的故障实际是节点上的瞬时逻辑脉冲，并且可以通过逻辑延迟和拓扑布局使其消失。换句话说，这意味着在组合逻辑中的瞬时故障未必会被存储单元锁存。时序逻辑中的故障以位翻转的形式表现出来，并且直到下次载入前都将保存在存储单元里。

另一方面，在基于 SRAM 的 FPGA 中，用户的组合逻辑和时序逻辑都是通过可定制的逻辑存储单元，即 SRAM 单元来完成运行的，如图 2—17所示。当翻转发生在 FPGA 中的组合逻辑时，它实际上对应

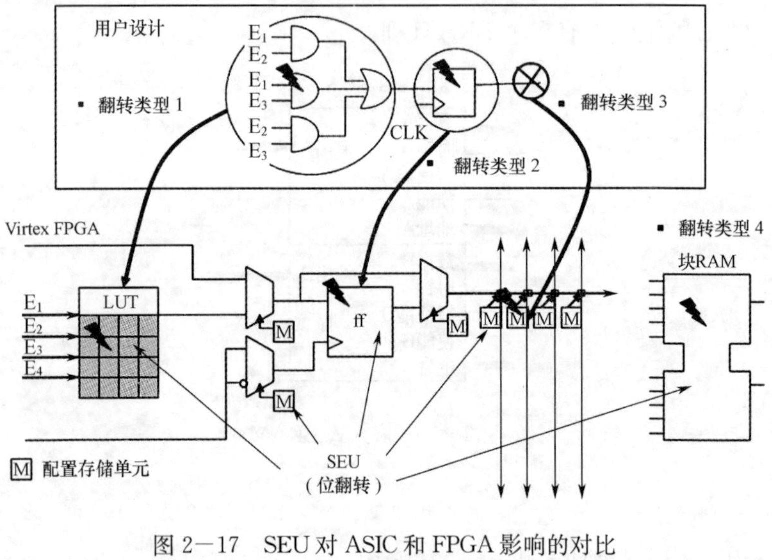

图 2—17　SEU 对 ASIC 和 FPGA 影响的对比

于一个 LUT 单元或一个控制布线的单元发生的位翻转。发生在 LUT 存储单元中的翻转，将改变原有的组合逻辑（见图 2—18）。

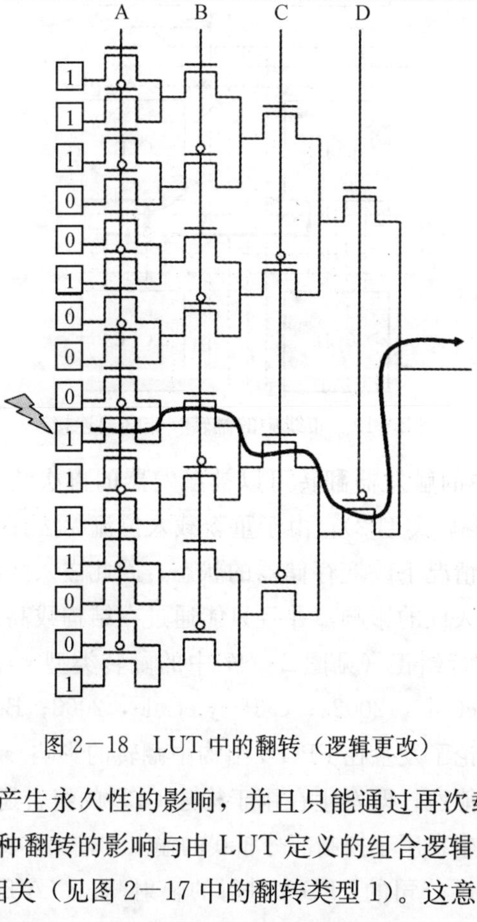

图 2—18　LUT 中的翻转（逻辑更改）

该故障将产生永久性的影响，并且只能通过再次载入配置位流进行纠正。这种翻转的影响与由 LUT 定义的组合逻辑中的固定型故障（1 或 0）相关（见图 2—17 中的翻转类型 1）。这意味着除非采取检测技术，否则 FPGA 中组合逻辑的翻转将被存储单元锁存。一个发生在布线中的翻转，能够将矩阵里的连线连上或断开，如图 2—19 所示。这种影响也是永久性的，并且该影响能够被映射为由 FPGA 实现的组合逻辑电路的开路或短路（见图 2—17中的翻转类型 3）。这种故障同样可以在下次配置位流载入时加以纠正。

当 FPGA 中的用户时序逻辑发生翻转时，会产生瞬时影响，这

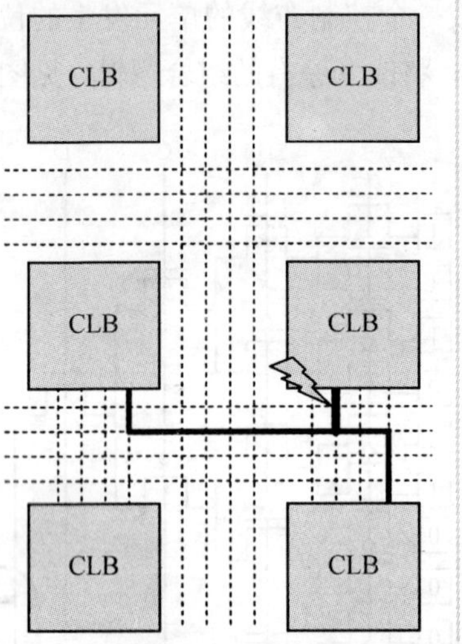

图 2—19 布线中的翻转（非必要连接）

是因为 CLB 中的触发器翻转可以被触发器的再次装载所纠正（见图 2—17中的翻转类型 2）。由于重新载入位流无法在不干扰应用程序正常工作的情况下改变存储器的状态，因此嵌入式存储器中的翻转产生的是永久性的影响，并且只能通过在结构或高层描述中应用容错技术来进行纠正（见图 2—17 中的翻转类型 4）。在参考文献（Rebaudengo et al.，2002a；Caffrey et al.，2002；Bernardi et al.，2004）中，讨论了发生在 FPGA 结构中翻转的影响。要注意，同样存在这样的可能性，即发生在用于构建 CLB 的组合逻辑中的 SET，同样有可能发生在用于控制部分布线的输入和输出多路选择器中。

针对 Xilinx 公司的 FPGA 进行的辐射测试（Alfke，Padovani，1998；Katz et al.，1997；Lum，Martin，1998；Fuller et al.，2000；Sturesson et al.，2001；Fuller et al.，2002）结果表明了在设计应用中 SEU 的影响，并且证明了空间应用中采用容错技术的必要性。参考文献（Ohlsson et al.，1998）分析了中子对 Xilinx 公司基于 SRAM 的 FPGA 可能产生的影响。那时的 FPGA 对中子的敏感度相当低，但随着更小尺寸晶体管工艺的出现和随之而来的高逻辑密度，FPGA 的脆弱性正在增加。数百片最新的 FPGA 在置于高海拔处的同一块电路板上轮流进行试验，结果显示每 2 个月或每 3 个月就会因中子影响而发生一次翻转。这一数字还会随着技术的进步而增加。

在基于 SRAM 的 FPGA 设计中应用容错系统，必须能够应对本节提到的这些特殊问题，如组合逻辑中 SEU 的瞬时和永久影响，设计连接中的开路和短路，以及触发器和存储单元中的位翻转。

第 3 章　单粒子翻转 (SEU) 减缓技术

第一个减缓 SEU 的方法是采用屏蔽把粒子的流量减小到很低的水平，这种解决方法已经在航天器上使用很多年了，但它不能完全消除 SEU。在过去很多年的时间里，使用这种方法足以避免由辐射效应引起的故障。然而，由于制造工艺技术的持续发展（正如第 2 章所述），电子线路变得对辐射粒子越来越敏感，致使那些曾经可以被忽略的粒子现在却能在电子设计中引发错误。因此，必须采用特别的技术来避免辐射的影响。

在过去的几年里，提出了几种 SEU 减缓技术，用来避免数字电路中的故障，包括一些在可编程逻辑中应用的技术。这些技术分类如下。

① 基于制造工艺的技术，例如：

- 外延 CMOS 工艺
- 诸如绝缘体硅片（SOI）的先进工艺

② 基于设计的技术，例如：

- 检测技术

  硬件冗余

  时间冗余

  检错编码（EDC）

  自检测器技术

- 减缓技术

  三模冗余（TMR）

  带有表决的多重冗余

  检错纠错编码（EDAC）

  存储器单元层的加固

③ 恢复技术（仅用于可编程逻辑），例如：

- 重配置
- 部分配置
- 重布线设计

基于制造工艺的技术，也叫工艺技术，例如外延 CMOS 工艺和 SOI（IBM，2000；Colinge，2001；Musseau，Ferlet-Cavrois，2001）。这些技术能把一些诸如总电离剂量（TID）和单粒子锁定（SEL）的辐射效应减小到可接受的水平，但却不能完全消除翻转效应，例如 SEU 效应和 SET 效应。基于制造工艺的解决方法非常昂贵，因此设计时很少采用这种技术，尤其是小体积的产品。在参考文献（Irom et al.，2002）中，作者测量了摩托罗拉和 IBM 生产的 SOI 微处理器由重离子和质子引起的 SEU 效应，并把测量结果与采用体硅衬底的相同器件进行了比较。结果显示，同一个制造商的 SOI 处理器的 LET 门限值几乎和衬底/外延层处理器相同，这表明在对 SEU 的敏感性方面，采用 SOI 技术并没有得到多大的改善。尽管 LET 门限没有改变，但 SOI 处理器的截面大约比衬底/外延层处理器的截面低一个数量级，导致其在空间环境中具有低翻转率。这些结果表明，在主流集成电路中采用 SOI 技术只是有望在 SEU 敏感性方面获得适度的改善，因此必须采用基于设计的技术来减缓 SEU 效应。

基于设计的技术，也叫体系结构技术。这种技术由于能应用到设计的多个不同层次，而不需要对制造工艺技术做任何改变，因此得到广泛的认可。利用这种技术，可以设计成只检测系统中出现的翻转，也可以设计得更为复杂一些，以便翻转出现时能检测并纠正系统中的错误。所有基于设计的技术，都包含了某些种类的冗余技术，这些冗余可以是额外的器件（硬件冗余），也可以是额外的执行时间或不同的数据采样时刻（时间冗余）。更为常见的是采用这两种冗余的组合。

硬件冗余主要基于逻辑冗余，其特征是采用额外的器件或是额外的路径，这样设计的硬件即使在一部分器件失效的情况下也能继续工作。检错纠错码（EDAC）也可以看做是硬件冗余，因为它通过产生冗余的位来检测和纠正翻转。EDAC 也能用于时间冗余技术，这将在后面讨论。在只关心存储器件中 SEU 问题的情况下，存储器单元加固是硬件冗余的另一个实例，它可用于存储器中的避错。

最近提出了多项基于恢复的新技术，这些新技术特别针对可编程逻辑器件，例如基于 SRAM 的 FPGA。其思路是在发生翻转后恢复最初的编程信息。这些技术具体有重配置（刷新），部分重配置和再布线设计。它们能在非常短的时间间隔内，清除编程矩阵上的翻转。这类技术通常被用来避免翻转的积累。

寻找具有快速恢复、廉价、高性能和高可靠性特点的最合适的减缓 SEU 的解决办法，已经成为一个挑战。一套能有效减缓 SEU 的技术，应该能解决组合逻辑中发生的瞬时故障（SET）和存储器单元中的 SEU。这样，组合逻辑中的瞬时故障绝不会被存储到存储单元中，存储单元中也就绝不会发生位翻转，或者是一旦翻转出现会立即被纠正。每种技术都有一些优点和缺点，经常要做的是在面积、性能、功耗和容错效能之间寻找平衡。

本章给出了数字电路应用基于设计的技术的概述，随后介绍了 ASIC 和 FPGA 减缓 SEU 技术的当前发展状况，包括采用恢复方法的解决方法。

3.1 基于设计的技术

在 ASIC 中大量采用了时间冗余和硬件冗余技术（Nicolaidis，1999；Dupont et al.，2002；Benz et al.，2002），包括从简单的对翻转的检测到对翻转进行表决和纠正。根据用户应用的需求，可以对这些技术进行广泛的选择。有时只需要采用中断的方式对系统功能中出现的翻转进行报警，而有时则需要完全避免中断，却同时要充分确保系统的可靠性。有一系列技术可以在这两种不同情况下实现可靠性，根据故障大小的不同，每种技术所需要的开销也是不一样的。

3.1.1　检测技术

基于时间冗余的技术常用于检测组合逻辑中的瞬时故障（SET），而硬件冗余有助于识别时序逻辑中的 SEU。参考文献（Nicolaidis，1999；Anghel et al.，2000；Dupont et al.，2002）给出了采用时间冗余和硬件冗余来检测 SET 的一些例子。采用时间冗余时，其目标是利用粒子撞击产生的瞬时脉冲特征来比较两个不同时刻的输出信号。组合逻辑的输出在两个不同的时间锁存，两个时间中第 2 个锁存的时钟沿移动了时间 d。比较仪可以显示出瞬时脉冲的出现（检错）。这种方案如图 3－1 所示。

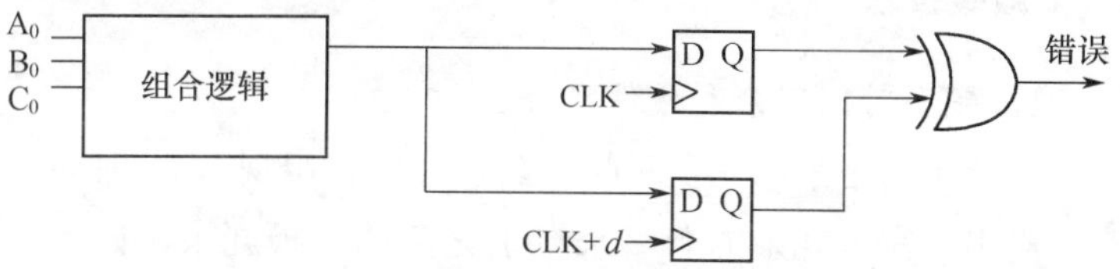

图 3－1　组合逻辑中用于检测 SET 的时间冗余双备份方案

采用硬件冗余时，双备份比较方案能分别用于检测组合逻辑中的 SET 和时序逻辑中的 SEU。图 3－2 和图 3－3 所示的是检测瞬时效应的方案。要注意，在使用时间冗余和硬件冗余这两种方法时，考虑 SET 的持续时间都很重要。

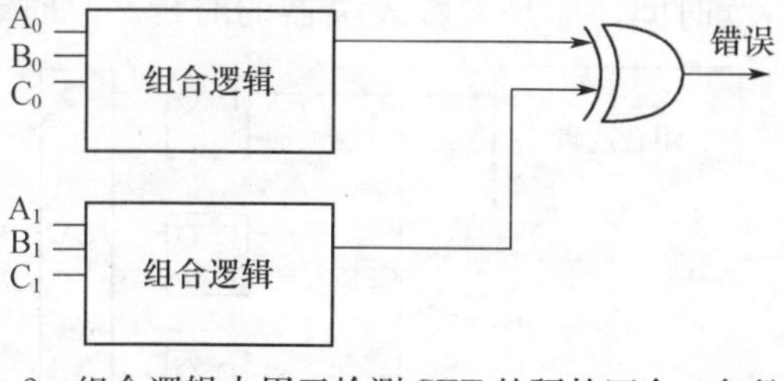

图 3－2　组合逻辑中用于检测 SET 的硬件冗余双备份方案

另一个检测时序逻辑中发生翻转的例子是检错码，例如校验位。这时，首先要计算出一组被分析位的校验位，然后不断把计算结果

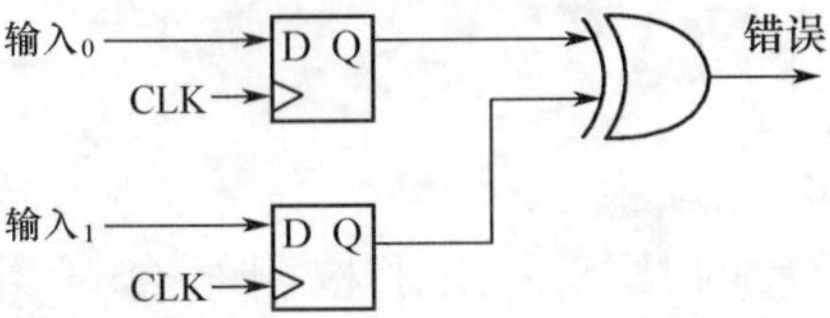

图 3—3　时序逻辑中用于检测 SEU 的硬件冗余双备份方案

和新计算出的校验位进行比较。这样，如果发生 SEU，则可能被检测到。当前，这种解决方法被大量应用于存储器的检测。然而在高可靠性的应用中，仅仅检测到故障的出现是不够的，必须要保证系统在故障出现时能正常工作。因此，详细研究减缓 SEU 的解决方法是十分重要的。

3.1.2　减缓技术

3.1.2.1　完全时间冗余和硬件冗余

在组合逻辑中采用完全时间冗余，可以在出现 SET 时表决产生正确的输出。完全冗余的名字来自于完全的 n 模冗余，如果 n 等于 3，即为 TMR。这时，组合逻辑的输出在 3 个不同的时刻被锁存，其中第 2 个锁存的时钟沿后移时间 d，第 3 个锁存的时钟沿后移时间 $2d$，然后通过表决器选出正确值。完全时间冗余方案如图 3—4 所示，多数表决方案如图 3—5 所示。面积上的开销来自于附加的采样锁存器，性能上的损失可由 $CLK+2d+t_p$ 给出，其中 d 取决于瞬时电流脉冲的持续时间，t_p 是多数表决器的时延。总时延用错误脉冲

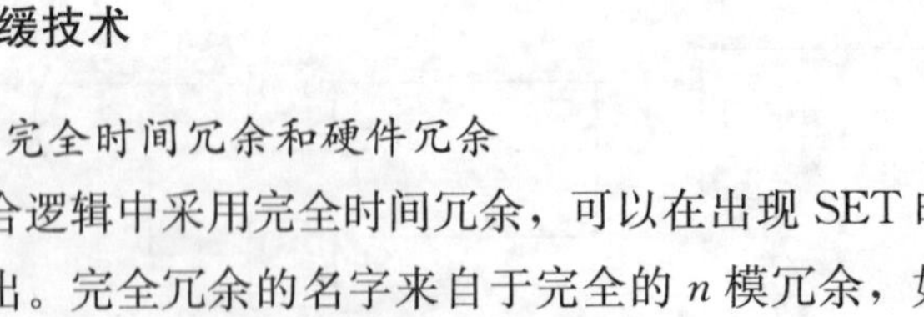

图 3—4　组合逻辑中用于纠正 SET 的完全时间冗余方案

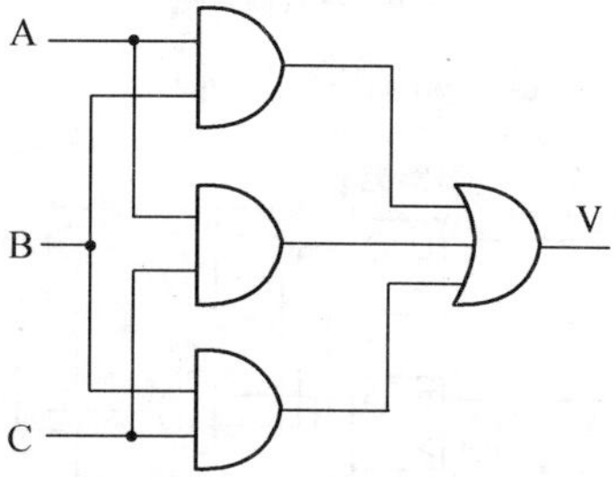

A	B	C	V
0	0	0	0
0	0	1	0
0	1	0	0
0	1	1	1
1	0	0	0
1	0	1	1
1	1	0	1
1	1	1	1

图 3—5　多数表决图和真值表

宽度的 2 倍来测量，大约等于 2×（Q_{COL}/I_D）。

在完全硬件冗余中，有众所周知的 TMR，它采用了 3 倍的逻辑，并把表决器放在输出端用于识别出正确的输出值。空间应用中最可能使用的方式是同时使用 3 个器件，如图 3—6所示。这种方法把表决器用做电路板上的第 4 个部件。表决器需要有额外的连接和面积。如果 3 个器件之一发生错误，表决器将会选出正确的值。这样，可以使组合逻辑和时序逻辑免受翻转。然而，如果表决器发生翻转，则 TMR 方案就失去作用了，输出的将是一个错误值。使用这种方法的另一个问题是翻转的积累，因此需要在下一次 SEU 发生之前，用其他的手段纠正发生在每个器件上的翻转。

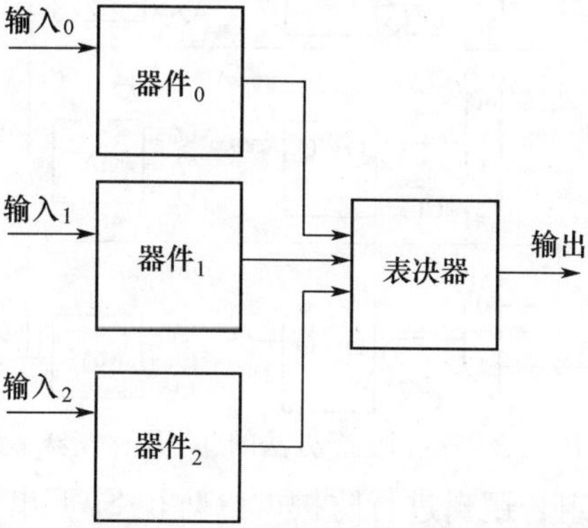

图 3—6　整个设备上实现的 TMR

更加有效地使用 TMR 的方式是集中用在敏感逻辑上，例如用于存储器单元来防止其发生 SEU，如图 3－7 所示。

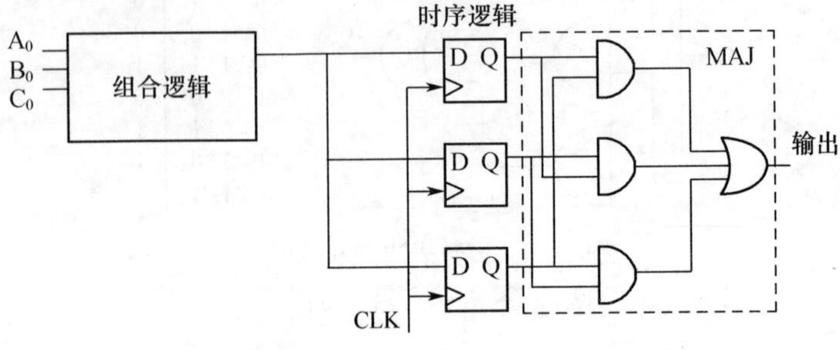

图 3－7　带有单个表决器的 TMR 存储器单元

但是，这种解决方法不能避免时序逻辑中翻转的积累，同时表决器也易受翻转的影响。为了保存正确的数值，参考文献（Carmichael, 2001；Katz et al.，2001）提出了一种使用带有反馈的 3 个表决器的方法，如图 3－8 所示。锁存器中的翻转用特别的逻辑加以纠正，以避免积累发生。用多路器控制信号的方法来设置更新频率。

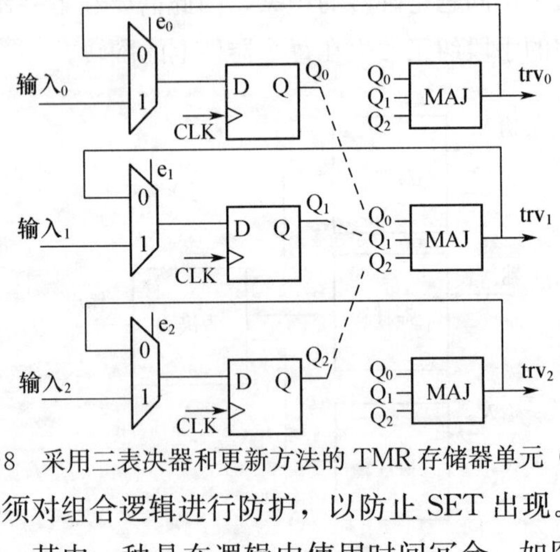

图 3－8　采用三表决器和更新方法的 TMR 存储器单元（版本 1）

同样必须对组合逻辑进行防护，以防止 SET 出现。有很多可以采用的方法，其中一种是在逻辑中使用时间冗余，如图 3－9 所示；还可以把组合逻辑也做成 TMR，如图 3－10 所示。

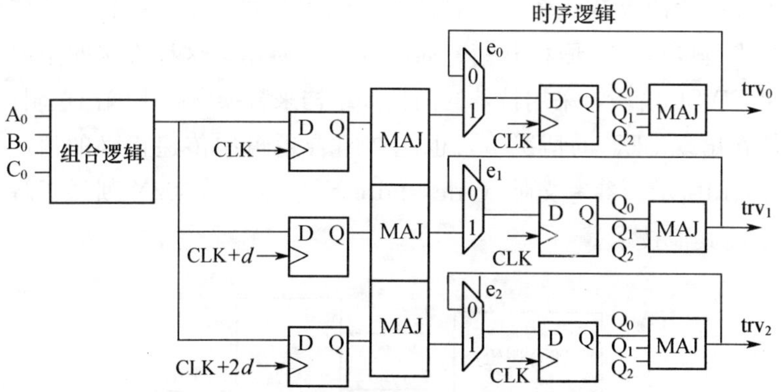

图 3－9　组合逻辑中完全时间冗余与时序逻辑中完全硬件冗余相结合的设计

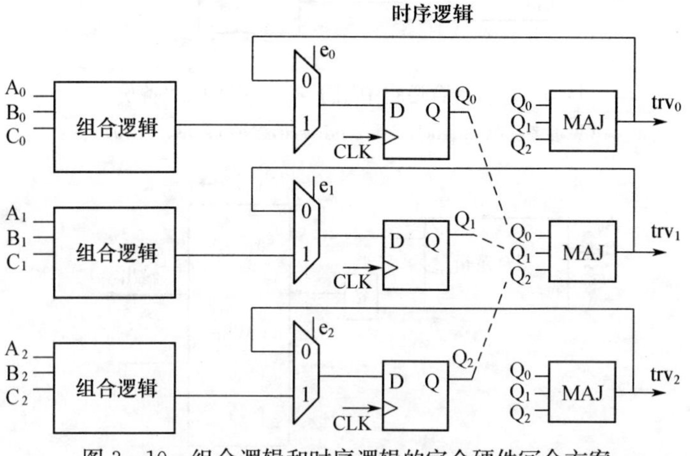

图 3－10　组合逻辑和时序逻辑的完全硬件冗余方案

尽管以上提出的使用 TMR 的方法（见图 3－10）和时间冗余相比，需要更大的面积开销，但由于把所有组合和数字逻辑都做成三模，因此既防护了逻辑电路免受 SET 和 SEU 的影响，又避免了翻转的积累。另外，这种方法不会有很大的性能损失，只有表决器的传播时间，也不需要不同的时钟相位。

另一个在组合逻辑中减缓 SET 的方法，基于双备份和码字状态保持（CWSP）（Anghel et al.，2000），其说明见图 3－11。这种方法不需要表决器或比较器，双备份也能用时间冗余来替换，这样可以很大程度地减小面积开销，如图 3－12 所示。这种方法的主要贡献是 CWSP 阶段，采用特殊的门拓扑结构来替换电路中输出逻辑门，即使在出现 SET 的情况下，也能在组合逻辑中传递正确的值，如图 3－13所示。参考文献（Alexandrescu et al.，2002）列举了解决 SET 的其他技术。

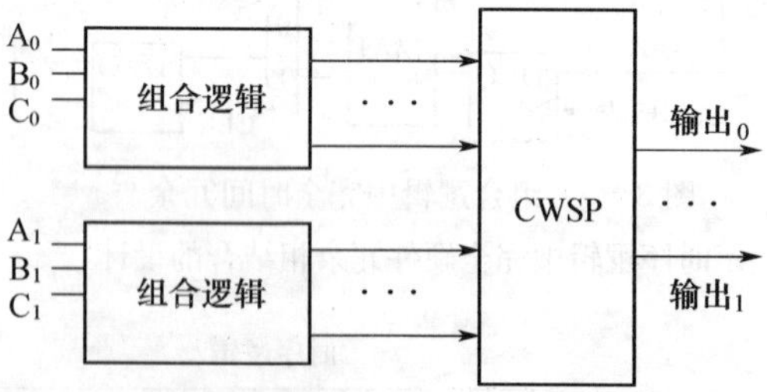

图 3－11　组合逻辑中用于减缓 SET 的双备份

（见参考文献 Anghel，Alexandrescu，Nicolaidis，2000）

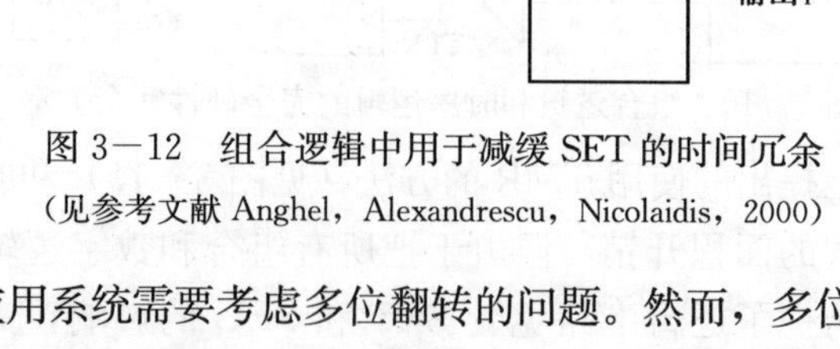

图 3－12　组合逻辑中用于减缓 SET 的时间冗余

（见参考文献 Anghel，Alexandrescu，Nicolaidis，2000）

一些应用系统需要考虑多位翻转的问题。然而，多位翻转问题需要进行仔细的分析，解决方法比较复杂。对于 n 模冗余，其中 n 常常是一个奇数整数，采用 n 大于 3 的方法并不一定总是比 TMR 更可靠，因为其结果取决于失效率 λ 的大小。参考文献（Shooman，2002）表明，n 模冗余只是在高可靠性领域中才优于单个模块。

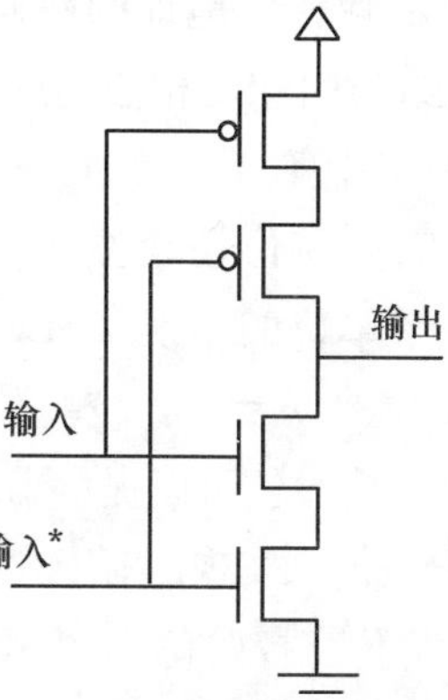

图3－13　组合逻辑中采用双备份和时间冗余以及 CWSP减缓SET的反相器逻辑实例

3.1.2.2　纠错检错码

错误检测和纠正编码（EDAC）技术（Peterson，1980）也用于减缓集成电路中的SEU，通常用于存储器。有很多编码可以防护系统免受单个或多个SEU的影响。EDAC的一个应用实例就是最简单的海明码（Houghton，1997）。这种编码是检测错误和纠正错误的二进制编码，能检测所有的单位和双位错误，能纠正所有的单位错误（SEC－DED）。这种编码方法可用于单个数据结构中发生多个错误概率很低的系统（例如一个字节的数据中只有一位错）。编码满足公式$2^k \geqslant m+k+1$①，其中$m+k$是码字中的全部位数，m是原码字的位数，k是码字中检测位的位数。按照这个关系式，当所有校验位都用上时，海明码能纠正n位码字中的所有单位错误并检测出双位错误。

海明码的应用由负责对数据进行编码的组合逻辑块（编码块）、码字中用于指示校验的附加位（附加锁存器或触发器）以及负责对数据进行解码的另一个组合逻辑块（解码块）组成。编码块能用一组二输入异或门来计算校验位。解码块较编码块更复杂一些，因为它不仅要检测出故障，还必须予以纠正。解码块主要由与组成校验

① 原文为$2k \geqslant m+k+1$，原文错误。——译者注

位相同的逻辑和用于指示翻转位地址的解码器构成。解码块也可由一组二输入异或门、一组与门和反相器构成。

编码块计算位于码字中第 1，2，4，…，$2^{(k-1)}$ 位置的校验位。例如，对于 8 位数据，需要 4 位校验位（p_1，p_2，p_3，p_4），这样海明码才能检测和纠正一个单位的错误（SEC－SED）。图 3－14 所示的是 12 位编码码字（$m=8$，$k=4$），校验位 p_1，p_2，p_3，p_4 分别位于 1，2，4 和 8 的位置。校验位可以提供出现错误的位置信息。编码块的功能用一组二输入异或门来实现。对于 8 位的数据，需要 14 个二输入异或门来产生 4 个校验位。校验位 p_1 由位组｛1，3，5，7，9，11｝生成偶校验。校验位 p_2 由位组｛2，3，6，7，10，11｝生成偶校验。同样，校验位 p_3 由位组｛4，5，6，7，12｝生成偶校验。最后，校验位 p_4 由位组｛8，9，10，11，12｝生成偶校验。

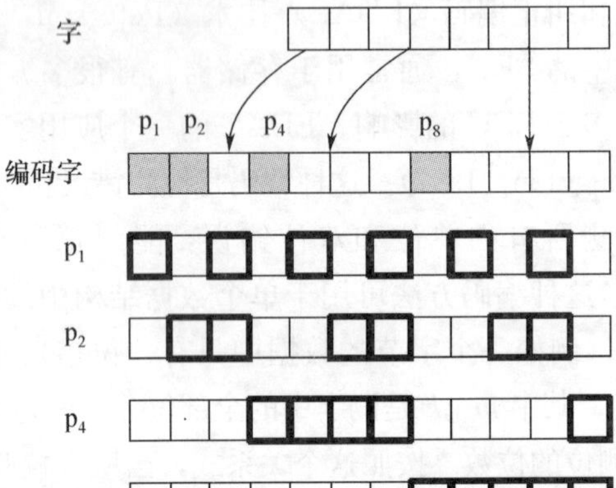

图 3－14　8 位数据 12 位编码码字海明码校验位的生成

海明码能够防护一些电路结构，例如多个寄存器、寄存器文件和存储器。每个受防护的寄存器须将输入连接到编码块上，将输出连接到解码块上。要注意，一个时钟周期只能用一个寄存器。一组寄存器结构的主要优势是只用一个编码块和一个解码块就可以对一组寄存器多路使用。

海明码由于需要额外的存储单元（校验位），再加上编码块和解码块的使用，增加了面积开销。对于一个 n 位的数据字，大约多用 $\log_2 n$ 个存储单元。而且，编码块和解码块会增加更多的面积开销，幸好有特别的异或门。考虑到性能，在关键路径加上了编码块和解码块的延迟。当编码后码字的位数增加时，延迟变得更加重要。串行的异或门的数量直接成比例于编码后码字的位数。

时序电路中用于减缓 SEU 的海明码和完全硬件冗余（TMR）之间的比较结果如表 3—1 所示，参考文献（Hentschke et al.，2002）中的结果表明，就占用面积以及防护寄存器和小存储器结构的性能而言，TMR 更有效，而海明码更适合防护大的寄存器组和存储器。

表 3—1　海明码和 TMR 的比较

	海明码（SEC—DED）	TMR
面积	取决于受防护的位数。有较少的用于存储单元（校验单元）开销。处理短码字时，需要附加组合逻辑组成编码块和解码块	需要 3 倍的存储单元。需要少量的附加逻辑用于表决器。表决器的数量正比于存储器单元数的数量
性能	编码块和解码块，位于关键路径，可以影响性能。由于编码块和解码块中串行的异或门数，延迟的增加成比例于需要编码的位数	性能不会受到很大的影响，因为引起延迟的仅仅是表决器，表决器基本不随受防护的位数而变化
纠错码	纠正每个码字中的单个翻转，但不纠正存储字中的翻转。如果没有附加逻辑进行纠正，翻转会积累	如果每个翻转位于不同的位，可纠正每个 n 位字中的 n 个翻转，表决出正确值，但不能纠正。如果没有附加逻辑进行纠正，翻转会积累

海明码的问题是不能纠正双位错，而双位错的纠正对超深亚微米工艺技术特别重要，尤其是单元密度很高的存储器（Reed et al.，1997）。必须研究出其他编码来解决多位翻转的问题。Reed－Solomon，RS 码（Houghton，1997）是一个被设计成用于解决多个错误纠正问题的纠错编码系统，在数字通信和存储领域有着广泛的应用。RS 码可用于很多系统的纠错，包括存储设备、无线或移动通信、高速调制解调以及其他设备。RS 编码和解码通常由软件完成，正因如此，文献中一般记载的 RS 码应用都没有考虑面积和性能对硬件的影响。但参考文献（Neuberger et al.，2003）提出的 RS 编码硬件是一个防护存储器免受多 SEU 影响的有效方法。

一个 RS 码是指带有 s 位符号的 RS（n，k），其中 n 是每个编码码字的总符号数，k 是数据信息的符号位数。校验符号数等于$n-k$，其中 $n=2^{s-1}$。RS 解码器可以纠正 t 个字节，其中 $2t=n-k$，如图 3－15所示。

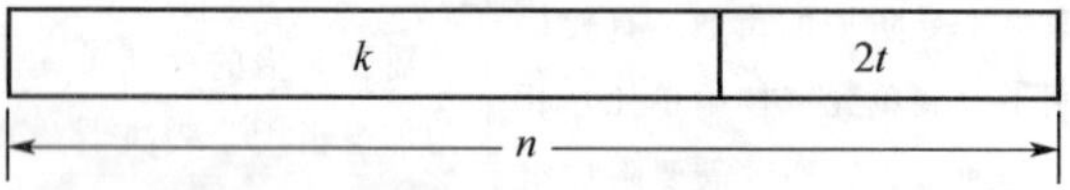

图 3－15　Reed－Solomon 编码码字

从数学上讲，RS 码基于有限域算术。在把 RS 码应用于存储器时，一个数据字被分成多个符号，每个数据字就是一个不同的 RS 编码码字。例如在一个 n 行的存储器中，数据字占用整个行，每个数据字根据符号的大小和存储器数据的大小被分成 m 个符号。多位翻转可能发生在矩阵中的任何一个部分，但更可能发生的是同一个符号中的双位翻转（a 类翻转），纵向邻接符号中的双位翻转（b 类翻转），或是横向邻接符号中的双位翻转（c 类翻转），如图 3－16 所示。

RS 码能很容易纠正 a 类翻转，这是由这种编码的基本特性所决定的，即纠正同一个符号中的多个错误。若第 2 类双位翻转发生（如图 3－16 所示的 b 类翻转），也会得到纠正，因为每一行是不同

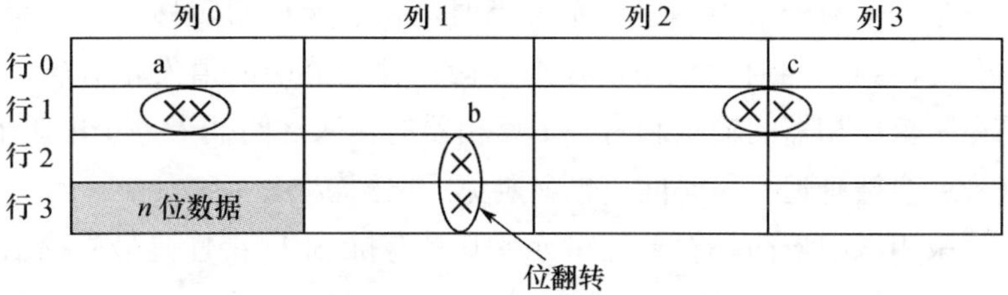

图 3—16　每行采用 RS 码防护的存储器中双位翻转的例子

的 RS 码，故这类翻转等同于不同行的 2 个单错。但第 3 类翻转，即如图 3—16 所示的 c 类翻转，则不会被纠正，因为这类翻转等同于同一个编码码字中 2 个不同符号发生错误，所使用的 RS 码不能纠正这类错误。下一章将要提出解决这个问题的方法，并讨论采用这种基于 RS 码的新方法来防护存储器件的各种结果。

3.1.2.3　加固的存储器单元

另一个 SEU 减缓技术的例子是由附加器件组成的存储器单元，可以是电阻或晶体管，当一个翻转击中晶体管的一个沟道变成“截止”状态时能够恢复成存储的值，这些单元称为加固的存储器单元，它们能根据粒子的流量和电荷从设计上避免 SEU 的发生。

为了能更好地理解这些加固的存储器单元是如何工作的，让我们从分析由 6 个晶体管组成的标准存储器单元（见图 3—17）开始。当一个存储器单元保存一个值，其中 2 个晶体管处于“导通”状态，2 个晶体管处于“截止”状态；因此单元中总是有 2 个 SEU 敏感节

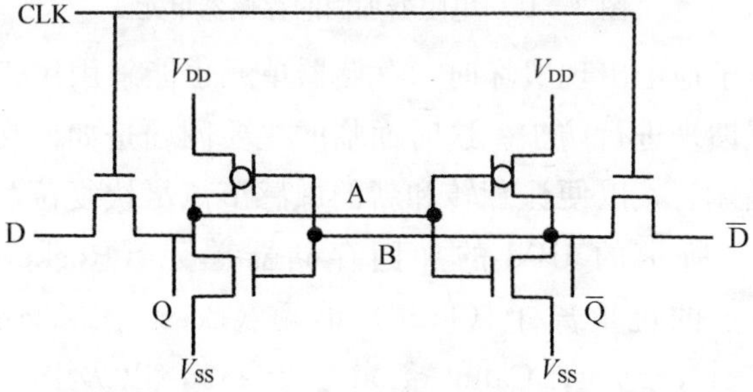

图 3—17　标准存储器单元

点。当一个粒子击中其中一个节点时，粒子能量的转移就使一个晶体管切换到“导通”状态，导致存储在存储器中的值发生翻转。如果在一个反相器的输出和另一个反相器的输入之间插入一个电阻器，信号就会被延迟一段时间，也就避免了位翻转。

采用电阻器防护存储器单元使其具有抗 SEU 特性是最先提出的加固存储器单元的方法（Weaver et al.，1987），如图 3－18 所示。去耦电阻器减缓了单元的再生反馈响应，这样单元就能区别出是由电压瞬时脉冲引起的翻转还是真正的写信号。这种方法能够提供很高的芯片密度，例如门电阻可以用两层多晶硅制成。这样做的主要缺点是对温度敏感，低温下性能脆弱，门电阻在制造工艺中还需要额外的掩膜。然而，由衬底控制的晶体管也能做成这种电阻，还可以避免制造工艺中额外的掩膜。这时，门电阻的设计对电路密度产生的影响很小。

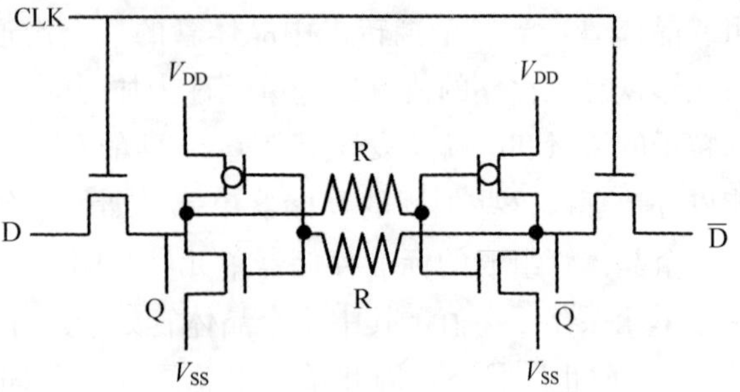

图 3－18　电阻器加固的存储器单元

当因离子撞击出现毁坏时，存储器单元也能采用用于存储数据的适当的反馈来进行防护。这时面临的主要问题是如何在反馈中放置附加的晶体管，以便让翻转和新的敏感节点尽快复位。这种方法在图 3－19 所示的 IBM 的加固存储器单元（Rockett，1988），图 3－20所示的抗重离子（HIT）单元（Bessot，Velazco，1993；Velazco et al.，1994；Calin et al.，1996），以及图 3－21 与图 3－22所示的（卡纳里斯 Canaris）存储器单元（Wiseman et al.，1993；Canaris，Whitaker，1995）中有所应用。它主要的优点是温

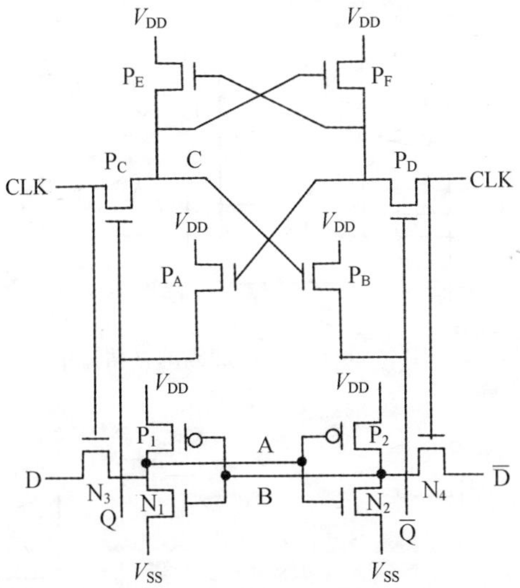

图 3－19　IBM 的加固存储单元

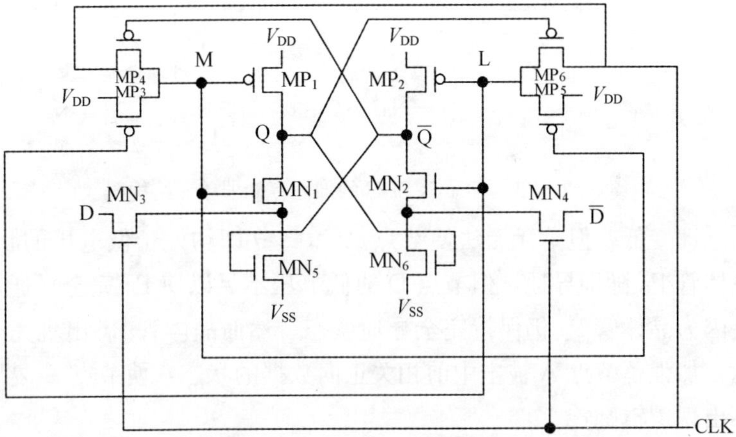

图 3－20　HIT 的加固存储单元

度、供电电压和工艺流程独立，并具有良好的抗 SEU 性能。主要的缺点是额外的晶体管要产生额外的面积开销。

如图 3－19 所示的 IBM 单元有 6 个附加的晶体管，其中 P_A 和 P_B 叫数据状态控制晶体管，P_C 和 P_D 叫通路晶体管，P_E 和 P_F 叫交叉耦合晶体管。A，B 和 C 是敏感节点。当一个粒子击中节点 A 时，

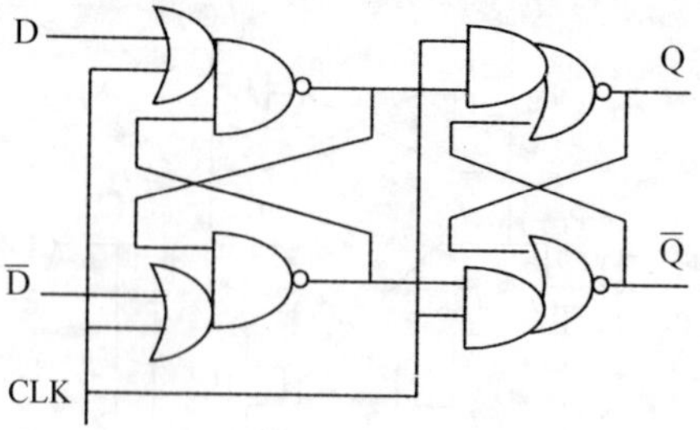

图 3－21　Canaris SEU 加固的存储器单元

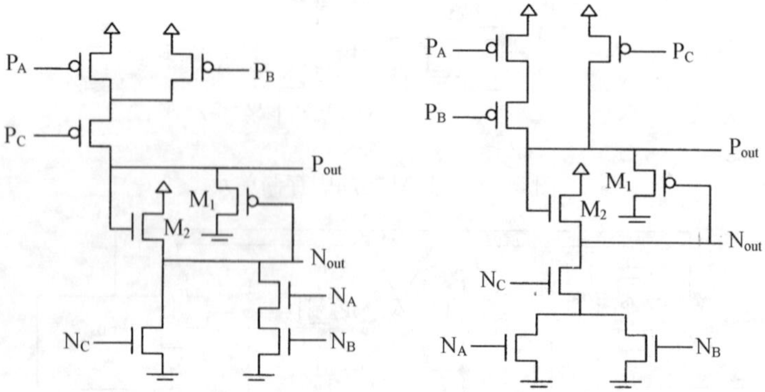

图 3－22　Canaris SEU 的加固存储器单元结构图

它立即变低，但单元无法使节点 A 和 B 立即均处于低电压的状态。晶体管 P_D 随即导通，但节点 D 的低电压不足以使 P_B 完全导通，这是因为晶体管 P_F 仍保持完全导通状态。然而晶体管 P_A 出现完全导通，加强了节点 A 被击中前相关正向数据的状态，使节点 A 复原而不出现逻辑翻转。

现在考虑粒子撞击发生在节点 B 时的情况。当击中发生时，节点 B 变高而使晶体管 P_C 变为截止状态，随即孤立节点 C 处于相对较低的电压。当晶体管 P_1 和 N_1 所在的门连接到节点 B 时，数据反馈响应的结果使得节点 A 试图变低。然而，晶体管 P_A 的导通状态，进一步加强了节点 A 中早先存在的高状态，使节点 A 仍保持其高状态数据。于是，在经过瞬时的干扰状态后，节点 B 最终恢复到被击中前的低电压状态，晶体管 N_2 又一次拉低节点 B。这样，节点 B 就从逻辑翻转中复原了。

最后，当粒子击中节点 C 时，晶体管 P_A 和 P_F 随即变成截止状态。至于数据单元中存储的数据信息，没有受到损坏，节点 C 最后通过处于导通状态的晶体管 P_C 再次带低电。节点 C 复原，没有形成对存储数据的威胁。

如图 3－20 所示，HIT 单元也有 6 个附加的晶体管置于主存储单元的反馈上。在平时运行中，如果读/写信号为低（无效），晶体管 MP_1，MP_4，MN_2，MN_6 和 MP_5 处于导通状态，其他晶体管处于截止状态。那么，容易看出节点 Q 和 $\overline{Q}$ 的逻辑状态受到了防护。而且，由于从 V_{DD} 到 V_{SS} 没有直接的路径，HIT 单元存储功能的稳定性得到了保障。

读操作通过向 V_{DD} 数据线 D 和 $\overline{D}$ 预充电来完成。随着读/写信号变高，Q 将保持为 1，因为其通过晶体管 MN_1 和 MN_3 直接连接到数据线 D。节点 $\overline{Q}$ 将保持 0，因为 MN_4 和 MN_6 都处于导通状态，对数据线 $\overline{D}$ 放电。

HIT 单元有 3 个敏感节点，即 Q，$\overline{Q}$ 和 M。如果粒子击中晶体管 MN_1 的沟道，节点 Q 将会变低。晶体管 MN_6 和 MP_6 将会分别处于截止和导通状态。然后，节点 $\overline{Q}$ 不会被偏置，但由于电容效应仍保持其低状态。晶体管 MP_6 和 MP_5 都为导通状态，但由于 MP_5 的宽度选择得比 MP_6 的宽度大，节点 L 将保持为 1。由于晶体管 MP_1 仍为导通，节点 Q 将被恢复到 1，即恢复了翻转前的状态。

如果粒子击中晶体管 MP_2 的沟道，节点 $\overline{Q}$ 将转换成 1，分别把晶体管 MN_5 和 MP_4 变为导通和截止状态。节点 M 变为高阻，保持其初始的 0 状态。由于晶体管 MN_2 和 MN_6 仍然为导通状态，节点 $\overline{Q}$ 被恢复到其初始的 0 状态。

如果晶体管 MP_3 的沟道被粒子击中，节点 M 将会变高，分别导通和截止晶体管 MN_1 和 MP_1。由于晶体管 MN_5 和 MP_5 为截止状态，节点 Q 和 L 变成高阻，保持了它们原有的状态。此时 $\overline{Q}$ 仍为低，晶体管 MP_4 将保持导通状态，把节点 M 的状态恢复到 0。

存储器单元中可能发生多个 SEU，HIT 单元无法应付这个问题。例如，如果一个粒子击中 M，会导致晶体管 MP_1 和 MP_5 处于截止状态，如果另一个粒子击中 Q，会分别使晶体管 MN_6 处于截止状态，MP_6 处于导通状态。于是，节点 L 被拉低，分别导通晶体管 MP_2 并截止晶体管 MN_2；$\overline{Q}$ 变高，分别导通晶体管 MN_5 并截止晶体管 MP_5。节点 M 保持为 1，节点 Q 保持为 0。于是，存储器单元的内容被损坏。用同样的方法可以说明，当粒子同时击中节点 $\overline{Q}$ 和 M 时，会导致存储在存储器单元中的数据损坏。参考文献（Velazco et al.，1994）提到的 SEU 测试表明，加固的 HIT 单元的敏感性至少比不加固的单元小 10 倍。

卡纳里斯（Canaris）方法由抗 SEU 的与非门和或非门建造的存储器单元组成。每个逻辑门有两个输出，一个对应于 N 型晶体管，另一个对应于 P 型晶体管。晶体管 M_1 尺寸做得较 p 型阵列小，晶体管 M_2 尺寸做得较 n 型阵列小，用这种方法能在粒子击中敏感节点时把输出恢复到初始值。

Canaris 方法有趣之处在于当存储器单元采用抗 SEU 的组合门时，该方法能用于平衡组合和时序逻辑。使用这种方法，电路所有的部分可分成几组不同的复杂的逻辑功能，每一项功能有两个附加的晶体管将输出区分开。对于大量的、复杂的逻辑门，两个附加的晶体管并不会增加很多的附加面积。然而，因为输出的双备份，内部连线的数量将随结构而增加。Canaris 方法加固的存储器单元的主要缺点是翻转后复原时间很长。

减缓技术的另一种原理是把数据存储在单元的两个不同区域，用以恢复损坏的部分。应用这种技术的例子分别是图 3－23 所示的双互锁存储单元（DICE）（Canaris，Whitaker，1995）和图 3－24 与图3－25所示的 NASA 单元（Whitaker et al.，1991；Liu，Whitaker，1992）。这种方法的主要优点是温度、供电电压和工艺流程的独立性，良好的抗 SEU 性能和高性能（读/写时间）。

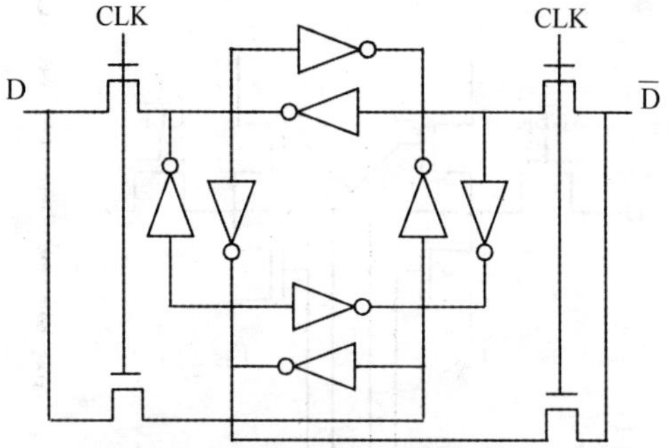

(a) 用反相器表示的 DICE 单元

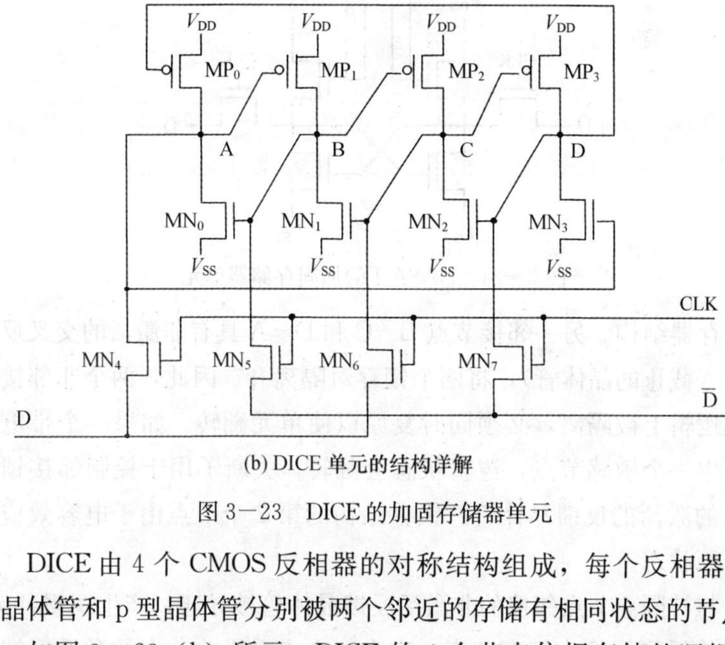

(b) DICE 单元的结构详解

图 3－23　DICE 的加固存储器单元

DICE 由 4 个 CMOS 反相器的对称结构组成，每个反相器的 n 型晶体管和 p 型晶体管分别被两个邻近的存储有相同状态的节点控制，如图 3－23（b）所示。DICE 的 4 个节点依据存储的逻辑值，以两种替换方式组成一对锁存器。相邻节点中的一个控制着把当前节点连接到供电线上的晶体管的导通状态，另一个节点阻塞反相器的互补晶体管使其与对面的供电线隔离。

在图 3－23（b）所示的加固的存储器单元中，邻接节点 A－B 和 C－D 具有激活的交叉反馈连接，组成两晶体管、状态相互依赖

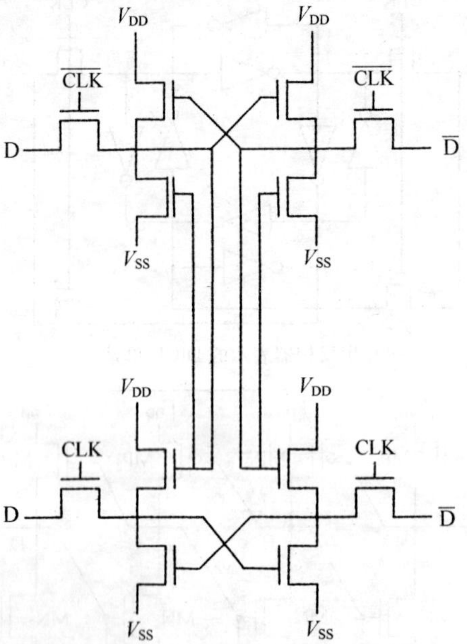

图 3－24　NASA I 的加固存储器单元

的锁存器结构。另一邻接节点 B－C 和 D－A 具有非激活的交叉反馈连接（截止的晶体管），将两个锁存对隔离开。因此，两个非邻接节点在逻辑上被隔离，必须同时复原以使单元翻转。如果一个带电粒子击中一个敏感节点，逻辑状态会翻转，关断了用于控制邻接锁存节点的激活的反馈晶体管。锁存结构的第 2 个节点由于电容效应保持了原状态。

与被隔离节点邻接的非激活反馈晶体管被导通，产生逻辑冲突，冲突传播到第 2 个锁存节点。来自两个未受影响节点的激活反馈连接使翻转节点恢复到初始状态，随后消除了第 2 个不稳定节点的冲突。在 DICE 中需要用写操作来保存两个非邻接单元节点的相同逻辑状态，以便复原单元的逻辑状态。

NASA 单元也是在两个不同的区域存储信息。这样做提供了冗余，保持了一个在 SEU 发生后不被破坏的数据源。恢复路径基于强

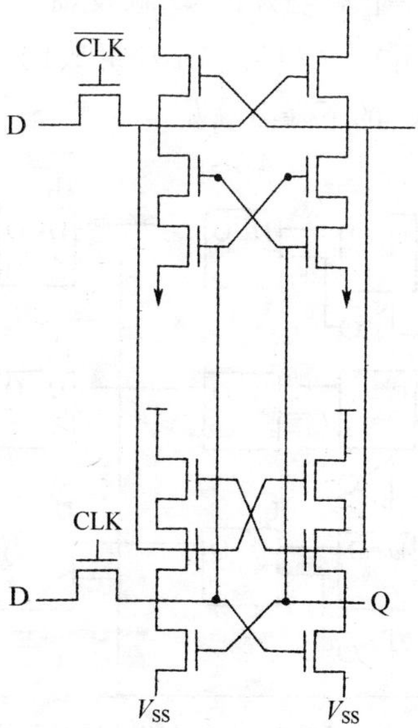

图 3－25　NASA II 的加固存储器单元

型和弱型晶体管的使用。弱型晶体管的大小约为普通晶体管大小的 1/3。恢复时间取决于弱型反馈晶体管的大小。原则上，DICE 锁存器是抗 SEU 的，因为两个节点必须被同时驱动才能改变锁存器的状态。然而，当单宇宙射线以极小的入射角穿过芯片时，能同时击中两个关键的节点。这种情况发生的概率取决于与沟道散射对应的实际角度，以及 LET 值大于某个门限值的宇宙射线的整体影响，这个门限值取决于电路响应和收集的容量。

参考文献（Mavis，Eaton，2000）提出了另一个 SEU 加固存储器的解决方法，如图 3－26 所示。加固的存储器单元包含 9 个电平敏感的锁存器（U_1 到 U_9），1 个多数逻辑门（U_{10}）和 3 个反相器（U_{11}到 U_{13}）。当时钟输入为高时，每个电平敏感的锁存器是透明的（采样模式）；当时钟输入为低时，锁存器处于阻塞模式（保持模式）。处于采样模式时，数据出现在输入 D 的同时，也出现在输出 Q。处于阻塞模式时，数据存储在锁存器中使数据出现在输出 Q，而输入 D 被阻塞。被附加时钟驱动的前后两级敏感锁存器（例如 U_1

和其后的 U_2）组成一个沿触发的D触发器。采用时钟反相，由（U_1，U_2）、（U_3，U_4）、（U_5，U_6）组成的D触发器，分别被 CLK_A，CLK_B 和 CLK_C 的下降沿触发。

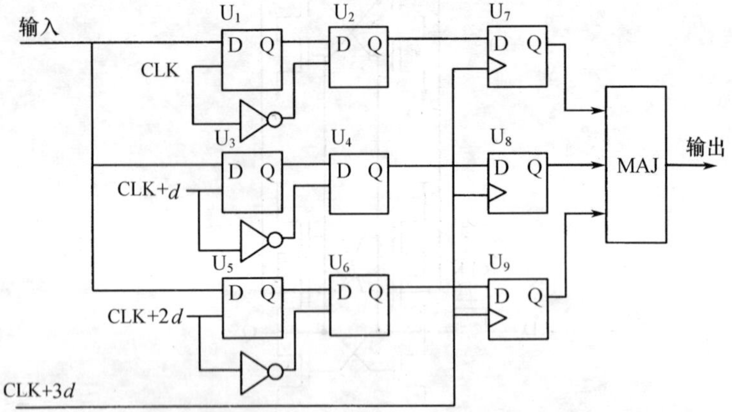

图 3—26 具有采样和释放过程的瞬时采样锁存器

4个时钟每一个都以25%占空比1个，并都延缓于主时钟。CLK_A 在1个主时钟第1个周期的前半周期为高。CLK_B 在1个主时钟第1个周期的后半周期为高。CLK_C 和 CLK_D 分别在2个主时钟第2个周期的前半周期和后半周期为高。这样，时钟A，B，C和D的整个周期就占用了主时钟的2个周期。实际上，这些时钟用简单的电路即可形成，这将在后续章节中讨论。即使出现畸变和交叠，电平敏感的锁存器也能正常工作，因为控制4个时钟的保真度不成问题。

图3—26中抗翻转电路是应用两种不同并行性形成的结果。由3个并行电路分支得到的空间上的并行；由统一时钟设计得到的时间上的并行。此外，当应用基于DICE的锁存器时，瞬时锁存器能获得多个节点抵抗宇宙射线攻击的能力，而且与其他SEU减缓方法不同，它对第2级和第3级效应具有抵抗能力。

分析SEU加固对于MBU的健壮性可知，最简单的瞬时锁存器明显能抵抗任何单宇宙射线对单个电路节点的攻击（第1级效应）。

这个特性也适用于基于 TMR 的锁存器和基于 DICE 的锁存器。尽管多节点被击中（第 2 级效应）的发生概率很低，但当这样的锁存器暴露在真实的空间环境中时确实会引起翻转。

表 3—2 列出了本节所述的各种技术的比较，包括加固的存储器单元、海明码和 TMR 等技术。

表 3—2　SEU 减缓技术总结

减缓 SEU 的技术	抗 SEU 的存储器单元	海明码	TMR
面积	通常是每个存储器单元面积的 2 倍。强烈地依赖于具体的设计和晶体管的尺寸	取决于受防护的位数。它需要附加的组合逻辑和时序逻辑	由于有表决器，需要略多于 3 倍的面积开销
性能	如果附加的晶体管和电阻器（路径延迟）仅当单元处于保持状态时工作，则性能不受影响	编码块和解码块会影响性能	性能受影响较小。仅有的延迟源是表决器
纠错	用存储器环路中的延迟来避错（冗余/恢复）	一般来说，纠正每个字中的一个单翻转，但为了更新存储的数据则需要另外的途径（刷新率）	不纠正翻转。如果没有附加的更新逻辑，翻转会积累
多个翻转	因为每个单元都能自我防护，对多翻转的第 3 次翻转有效	对同一编码码字中的多翻转无效，但对电路不同部分的多翻转有效	对发生在电路不同部分的多翻转有效，但对同一位 TMR 信号中的多翻转无效

续表

减缓 SEU 的技术	抗 SEU 的存储器单元	海明码	TMR
工艺	由于多晶硅中晶体管和大阻抗的不对称，有可以使用的额外区域	和 CMOS 工艺完全兼容	

3.2 ASIC 中 SEU 减缓技术实例

许多来自 Intel，IBM，摩托罗拉和 Sun 的商用微处理器，市场上都有抗辐射的版本。这些加固的微处理器由从事空间工程的公司和研究实验室设计。对容错的关注多年前就已经开始（Sexton，1991；Hass et al.，1989）。每种产品为不同的空间和军事应用提供不同的抗辐射等级。用于防护微处理器的各种技术通常基于流程工艺或封装防护，TMR，SEU 加固的存储器单元，EDAC（海明码），以及这些技术的组合。

在参考文献（Lima et al.，2000a，2000b）中，提出了类 8051 微控制器（Intel，1994）的抗辐射容错版本。这项工作的启动基于测试技术和参考文献（Cota et al.，1999）中发表的有关 EDAC 码的研究。巴西南大河洲联邦大学设计了该微控制器的 VHDL（Skahill，1996）描述（Carro et al.，1996；Silva et al.，1997），后又加入了抗 SEU 的辐射容错结构。在指令时序方面，最初的代码和 Intel 的 8051 微处理器完全兼容。微处理器的描述分成 6 个主要的块，分别是有限状态机、控制单元、指令单元、数据通路以及 RAM 与 ROM 存储器。可纠单位错的海明码（SEC）应用于所有的寄存器和内部存储器中，如图 3—27 所示。

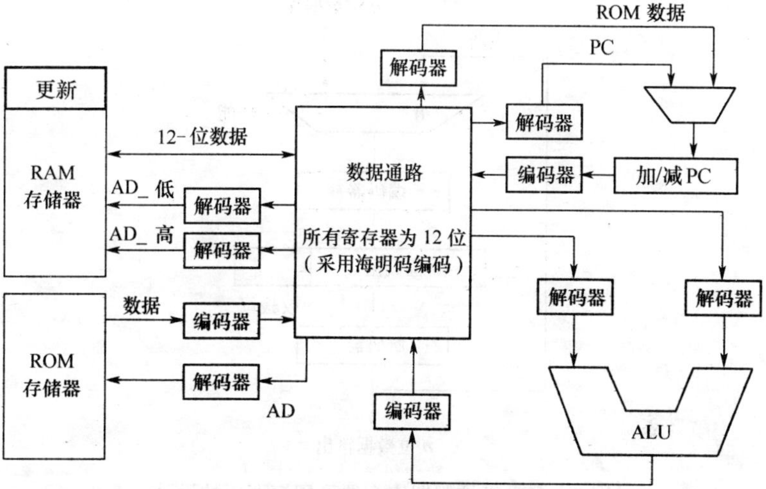

图 3—27 SEU 加固的 8051 的设计概要

此技术是具有创新性的，因其不但在存储器中而且在所有寄存器和单个存储器单元中都采用了 EDAC。存储器采用更新机制，来避免翻转的积累。应用海明码的详细设计如图 3—28 和图 3—29 所示。

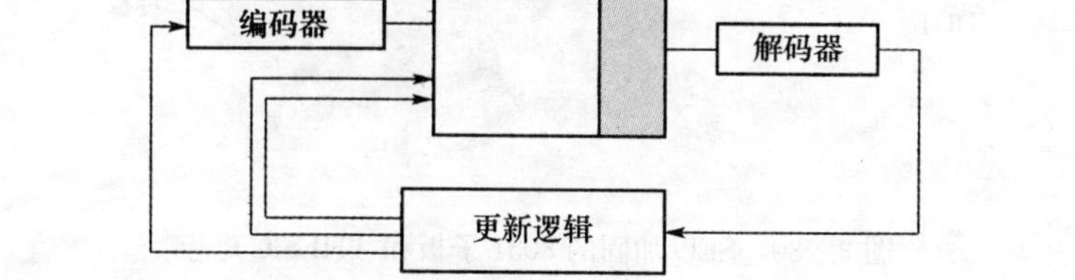

图 3—28 微控制器存储器采用海明码的设计

采用这种性能良好的 8051 制成的电路板如图 3—30 所示。3 种定制的可编程器件采用了加固的原型，它们是采用 EEPROM 工艺的 Altera 的 MAX9000 系列、1 片 208 引脚的 EPM9560 和 2 片 84 引脚

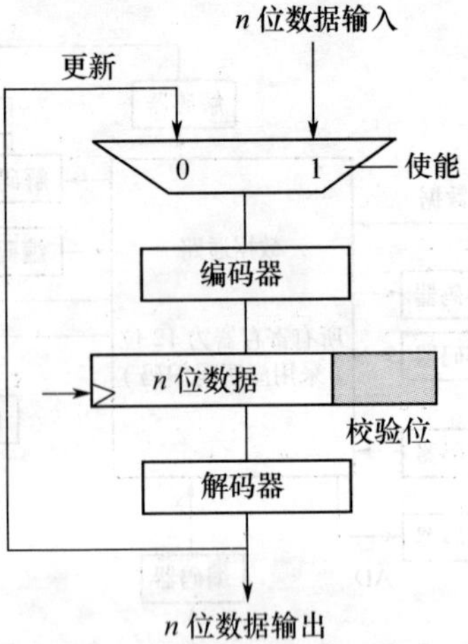

图 3－29　微控制器寄存器采用海明码的设计

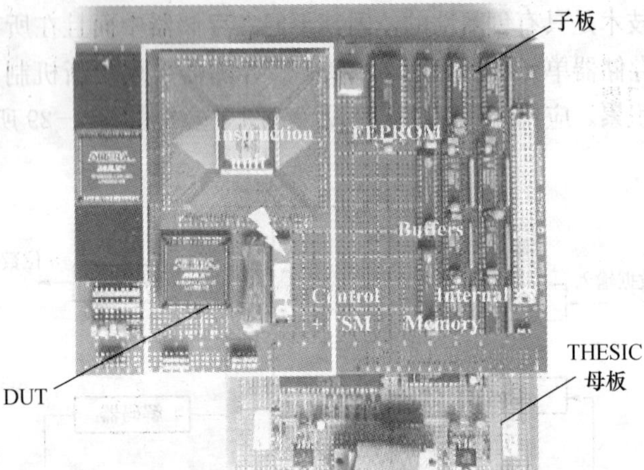

图 3－30　SEU 加固的 8051 子板和 THESIC 母板

的 EPM9400（Altera，2001）。在比利时新鲁汶（Louvain－la－Neuve）的辐射条件下，SEU 加固的 8051 子板已经通过了用 Cyclone 辐射设备在 THESIC 测试器环境中的测试。Cyclone 是一种回旋加速器，用于加速各种类型的重离子。电路板采用了两个版本的 8051：（1）未加防护的标准版本的 8051；(2) 内部存储器采用海明码防护的 8051。

未加防护的标准 8051 的应用测试表明，在每个分析的时间段都有多个翻转发生。图 3－31 给出了达到 700 个粒子/秒的流量时，每个分析时间段中的错误数。内部存储器由海明码防护的 8051 的相同应用测试表明，在前面提到的辐射能量下没有错误发生。结果证明了海明码方法在 SEU 防护上的功效。

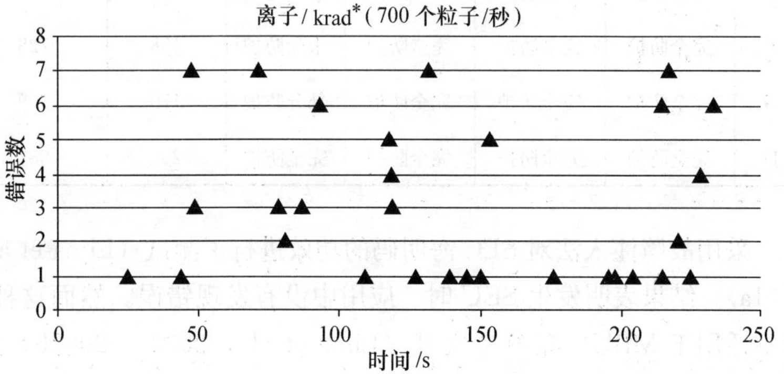

图 3－31　“没有防护”的 8051 在矩阵乘法测试中的辐射测试结果

＊1 rad＝10^{-2} Gy

表 3－3 列出了 MAX9000 系列 PLD 采用防护型 8051 原型的结果。表中给出的触发器数是指具有控制单元、有限状态机和数据通路的内部寄存器。内部存储器在 PLD 外实现，如其在电路板照片中所示的那样。由于 MAX9000 系列中 CLB 数量的减少，完全防护的 8051 版本不适合该 PLD 系列。因此，电路板仅仅采用了对数据通路的部分防护。在部分防护的数据通路中，仅有累加器和程序指针寄存器采用海明码加以防护。

表 3－3　PLD 采用防护型类 8051 微控制器的结果

版本 1	控制单元	状态机	内部存储器	数据通路	触发器数	CLB 数
A	未受防护	未受防护	未受防护	未受防护	130	536
B	完全防护	完全防护	完全防护	未受防护	150	692

续表

版本 1	控制单元	状态机	内部存储器	数据通路	触发器数	CLB 数
C	完全防护	完全防护	完全防护	部分防护	158	824
D	完全防护	完全防护	完全防护	完全防护	202	909
E	未受防护	未受防护	未受防护	未受防护	138	579
F	完全防护	完全防护	完全防护	未受防护	158	728
G	完全防护	完全防护	完全防护	部分防护	170	909
H	完全防护	完全防护	完全防护	完全防护	206	987

采用故障注入法对 SEC 海明码的功效进行了测试（Lima et al.，2001a）。结果表明发生 SEU 时，应用中没有发现错误。然而这种技术不适用于 MBU。在参考文献（Lima et al.，2002a，2002b）中，抗 SEU 的 8051 中加入了 MBU。在新一代的技术（in next process technologies）中，使用 DEC 海明码和寄存器更新及存储器更新显然是必要的。

Maxwell（Maxwell，2001）有很多被 RAD－PAK 抗辐射加固专利技术防护的抗 SEU 微处理器，这种技术主要采用封装防护。此类的微处理器有诸如 Intel 的 386，486 和 Pentium，以及 Sun 的 SPARC。这些公司也提供 CPU 采用 TMR 防护、存储器采用 EDAC 防护的摩托罗拉 PowerPC 微处理器。TMR 对 3 个 CPU 的每个输出按位进行比较。当发生单个翻转事件时，简单的表决设计就能检测到，并选择正确值输出。如果出现第 2 个错误则不能纠正，这时处理器需进行刷新和同步。此外，器件同时也采用了封装防护。

霍尼韦尔（Honeywell）（Honeywell，2003）同样提供基于器件级冗余和 EDAC 技术的容错微处理器。一个例子是抗辐射加固的 PowerPC 603，其数据和程序存储器采用了 SEC－DED 海明码防护，内部寄存器采用了冗余技术。美艾达防务系统公司（Aitech Defense

Systems Inc.）（Aitech，2001）也提供了采用EDAC防护的抗辐射的PowerPC 750。

洛克希德·玛丁公司已为喷气推进实验室（JPL）（JPL Laboratory，2001）开发出一种抗SEU的PowerPC（G3）。它所提供的模块化标准产品，使得航天器的开发者在系统配置中具有极好的灵活性。在PowerPC 750（G3）中有超过800 000个存储单元，所有的存储单元在RAD 750中都用SEU加固电路代替。早期的RAD 6000采用电阻器去耦存储器单元（见图3－18），在制造工艺中需要使用特殊的多晶硅电阻器。RAD 750中的RAM单元和锁存器的设计中使用了电路加固技术，这种技术不需要特殊的工艺步骤，而且采用了参考文献（Liu，Whitaker，1992）中的单元优化性能技术，如图3－25所示。板上的存储器和PROM采用EDAC防护。

艾特梅尔（Atmel）为军事和空间应用提供8位抗辐射微控制器80C32E，DSP微处理器和SPARC微处理器（Atmel，2001）。为防护存储器单元免受辐射，Atmel的抗辐射DSP微处理器Radiation采用HIT单元（Velazco et al.，1994），如图3－20所示。Atmel的SPARC微处理器采用EDAC防护。Atmel的静态RAM采用了将代表不同数据位的单元分开的设计。这种特色事实上消除了触发双位翻转影响的危险，只剩下由SEC海明码可以纠正的单位翻转（SEU）。和EDAC防护方法相关联的其他过程是带有检测位的RAM的初始化，以及在受防护的存储器上执行读写操作的更新过程，也可以叫做刷新。带有检测位的RAM的初始化不会引入额外开销，因为多数面向空间的应用在复位时把代码从ROM加载到RAM，同时自动初始化带检测位的RAM。刷新在处理器的空闲时刻进行，为的是必须消除两个单独的影响造成同一个数据字中产生双位翻转（MBU）的危险。但是，万一在同一个数据字中发生双位翻转，也能被EDAC即SEC－DED海明码检测出来，并以信号的形式表示出来。

参考文献（Gaisler，2002）提出了一种容错处理器，即基于SPARC V8体系结构的Spacelite。此处理器所应用的技术其目的是能检测并容忍任何片上寄存器的单错，并在任何片上存储器结构（缓存和标志）中能纠正单错、检测两个相邻位的双错。这种 Spacelite 处理器对 SEU 的容错方法是把所有寄存器分成两组，即主份和冗余。主份寄存器定义为带有信息的寄存器，其在系统中（处理器和存储器）任何其他部分不会出现，且寄存器内容的错误会导致系统故障。冗余寄存器定义为包含从系统中其他部分复制信息的寄存器，且能通过重新装载寄存器或是执行其他恢复行为而重新建立。冗余寄存器中的错误一定不能改变系统的状态和操作，否则在它包含错误值的时间段中会引发故障。为了容忍一个随机的寄存器错误，所有主份寄存器都被设计成具有容错功能，采用的是复制或是纠错码的方法。冗余寄存器只需要采用错误检测功能，因为它们能从冗余的位置恢复。

独立的容错寄存器采用 TMR，3 个寄存器并行，1 个表决器选择出多数结果。这样设计的好处是屏蔽错误和去除错误是隐含的，于是当 SEU 发生时，输出中没有故障产生。寄存器文件用 32 位单错纠正和双错检测（DED）的 EDAC 来代替 TMR 单元，以减少开销。冗余寄存器中的错误通过生成和检查校验位来进行检测。缓存和标志用两个校验位防护，一个是奇数据位，另一个是偶数据位。这种设计能检测出两个相邻位中的双错。一旦发生 EDAC 错误，当指令到达写周期时被纠正的寄存器值回写到寄存器文件中，然后指令重新启动。缓存（指令或数据）中的错误会自动导致缓存不被命中，于是缓存就会被主存储器中的正确数据所更新。

参考文献（Rebaudengo et al.，2002）论述了采用容错的软件技术（SIFT）来防护微处理器，避免在时序逻辑和组合逻辑中出现翻转（分别为 SEU 和 SET）的方法。利用故障注入实验，可以评估 SIFT 技术检测处理器内部存储器单元及其组合逻辑中瞬时故障的能力。此策略的创新性依赖于一个基于简单转换规则集的事实，这些规则可以用高层代码实现。此方法减少了程序硬件化的费用。利用辐射实验测试了 8051 微控制器上采用的 SIFT 系统的抗辐射能力。结果表明，SIFT 工具能够检测到处理器上观测到的 88.2%的翻转。但是，这种技术随着程序代码的增加需要额外的存储器。

3.3　FPGA 中 SEU 减缓技术实例

对航天器电子方面的设计者来说，FPGA 器件变得日益流行，因为这种器件填补了独立逻辑器件与程序掩模门阵列之间重要的应用领域的空白。这种器件固有的灵活性可以满足多种需求，并在费用和时间上具有明显的优势。由于 FPGA 可重新编程，航天器发射之后也能传送数据来纠正错误或是提高性能。

可编程逻辑器件的结构基于逻辑块阵列，这些逻辑块能以相互连接的方式编程以实现不同的设计。一个 FPGA 的逻辑块可以简单到一个小的逻辑门，或是复杂到由很多门组成的簇。目前商用 FPGA 的逻辑块由一对或多对晶体管、小型门、多路器、查找表及与或结构组成。布线结构组合了多种不同长度的线段，能通过电气可编程开关互连。有几种不同的编程技术可应用于这些可编程开关。目前正在使用的可编程开关技术有以下 3 种。

① 静态随机访问存储器（SRAM），其可编程开关是一个由 SRAM 位状态控制的传输晶体管（基于 SRAM 的 FPGA）。

② 反熔丝，电可编程开关在两个金属层之间形成一个低阻通路（基于反熔丝的 FPGA）。

③ EPROM，EEPROM 或 FLASH 单元，其开关是一个能通过电荷注入浮动门而被关断的浮动门晶体管。这些可编程逻辑电路叫 EPLD 或 EEPLD。

基于 SRAM 的用户设计是易失的。这意味着基于 SRAM 的 FPGA 在工作位置上能按需要被编程任意多次。反熔丝的用户设计是非易失的，只能被编程一次。每种 FPGA 有其独特的结构，诸如赛灵思（Xilinx）和爱特（Actel）可编程逻辑公司提供的抗辐射的 FPGA 系列。每个公司采用不同的减缓技术来更好地考虑结构特点。

一些来自航天市场的公司被许可开发抗辐射 FPGA，例如 QuickLogic 公司被许可开发 Aeroflex UTMC，霍尼韦尔公司（Honeywell）被许可开发 Atmel。然而迄今为止，QuickLogic 和 Atmel 的 FPGA 还没有可流通的航天级产品。Actel 和 Xilinx 作为主要的商用 FPGA 公司，目前分享了航天 FPGA 的市场，这可以从一些行业领域最重要的会议中得到证实，这些领域涉及可编程器件及技术的军事和航天应用（MAPLD）、核辐射及空间辐射效应（NSREC）、器件和系统的辐射效应（RADECS）以及 FPGA 研讨会。

由于结构中含有大量存储器单元，可编程逻辑器件对 SEU 极其敏感。可编程逻辑器件必须得到有力的防护，以避免在空间环境中出现错误。可编程逻辑器件有两种主要的减缓辐射效应的方法，即采用高层描述和采用结构级的设计。

每种方法有不同的使用成本，并且对一些类型的应用、FPGA 结构和定制方法有较大的适用性。例如用反熔丝结构编程的 FPGA 更类似于标准单元 ASIC，因为定制单元（反熔丝）不易受辐射的影响。鉴于这个原因，诸如 EDAC 这样 ASIC 上使用的技术能很容易地应用到高层描述上。在结构层上，举例来说，用加固的存储器单元来替换所有的触发器是很简单的过程。正如你在本书后面将要看到的，对于采用 SRAM 进行定制的 FPGA 来说，应用高层描述的 SEU 减缓技术并不十分简单，因为所有用于设计的块都对辐射敏感。当采用结构设计技术时，由于 FPGA 阵列的复杂性，这种情况同样会发生。

3.3.1 基于反熔丝的 FPGA

反熔丝 FPGA，尤其是基于 Actel 结构的 FPGA 中的 SEU 问题，已在参考文献（Katz et al.，1997，1998，1999；Wang et al.，2000）中进行了阐述。几年前，Actel 公司开始提供采用反熔丝编程的抗 SEU 的 FPGA 系列，叫做 SX 系列（Actel，2002）。此系列的结构被描述为“海量模块”结构，因为器件的整个基底被逻辑模块的网格所覆盖，事实上没有为互连单元和布线留下芯片面积。在过去的几年里，Actel 公司的 SX 系列得到了改进。第 1 个版本提供两类逻辑模块，和标准 Actel 系列相同，寄存器单元（R－cell）和组合逻辑单元（C－cell）的示例如图 3－31'[①] 所示。

这些逻辑模块之间的互连采用 Actel 公司拥有专利的“金属到金属”可编程反熔丝互连单元，单元嵌入第 2 金属层和第 3 金属层之间。这些反熔丝通常是断开电路，在编程时则形成永久低阻抗的连接。在第 1 个抗 SEU 的 FPGA 版本（Actel，2001）中，提出了 3 种可应用的能避免翻转的时序逻辑单元技术：CC，TMR 和 TMR _ CC。在 Symplify 工具中，时序逻辑单元在综合过程中自动实现。CC 技术使用带反馈的组合逻辑单元替代触发器或锁存器原语来形成存储单元。例如 DFP_1 由 2 个组合逻辑模块组成，用于代替 DF_1。应用这种技术能避免大于 0.23 μm CMOS 工艺中的 SEU，但不能避免新一代工艺中的 SEU，在新一代工艺中组合逻辑也会受到带电粒子的影响。TMR 是一种使用寄存器的技术，每个寄存器通过 3 个触发器或锁存器的表决来确定寄存器的状态。TMR _ CC 也是三模冗余技术，每个参加表决的寄存器由带有反馈的组合逻辑单元（替代触发器或锁存器原语）组成。

使用 CC 触发器（CC－FF）的设计比使用标准触发器（S－FF）的设计更具对 SEU 效应的抵抗力。在典型情况下，CC－FF 使用 2 倍于 S－FF 的面积资源。采用三倍表决或 TMR 的设计对 SEU 效应最具抵抗力。三倍表决使用 3 个触发器而不是单个触发器，通向 1 个多数门表决电路。使用这种方法，如果一个触发器跳转到错误状态，其他 2 个会将其屏蔽，正确值就能传播到其余的电路。因为考虑到成本（较之采用 S－FF，3～4 倍的面积和 2 倍的延迟需求），三倍表决通常采用多个 S－FF。然而，在 Symplify 工具中也可以只用多个 CC－FF 来实现三倍表决。

---

① 原文有误，有 2 个图 3－31，此图的图号改为 3－31'。——译者注

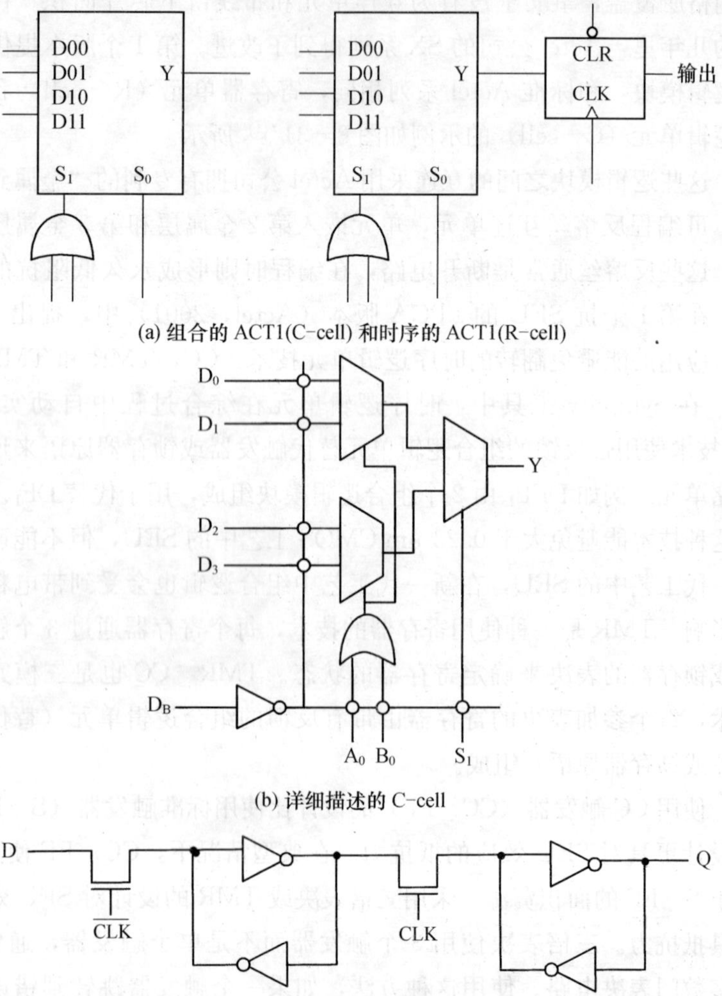

(a) 组合的 ACT1(C-cell) 和时序的 ACT1(R-cell)

(b) 详细描述的 C-cell

(c) R-cell 锁存器描述

图 3－31'　Actel 的 FPGA 结构

目前，Actel 公司提供 RTFXS 和 RTAXS FPGA 系列产品（抗辐射 FX 或 AX 结构的航天版本）。这些器件的配置使用金属到金属的反熔丝连接，包含对所有寄存器的内置 TMR。这些新的 SEU 加固结构不需要 HDL 采用 TMR 触发器的设计，因为触发器已经被结构层（矩阵）的 TMR 所防护。他们使用参考文献（Katz et al.，2001；Wang et al.，2003）提出的 D 触发器，如图 3－32 所示。3 个 D 触发器并行连接到时钟和数据输入。1 个表决器（或多数表决电路）用前端的多路器实现，生成“加固的”输出。2 个触发器的输出 A 和 B 连到表决多路器的选择端。如果 A 和 B 都读到逻辑 0，多路器的输入 D0 被选择。因为它连接到地，多路器的输出将是逻辑 0。同样，如果 A 和 B 都读到逻辑 1，多路器的输出将是逻辑 1。如果 A 和 B 因 SEU（或其他原因）而不一致，则多路器将选择触发器 C。我们知道 C 与 A 或 B 一致，这样被表决的多路器就产生 3 个触发器中 2 个一致的数据。

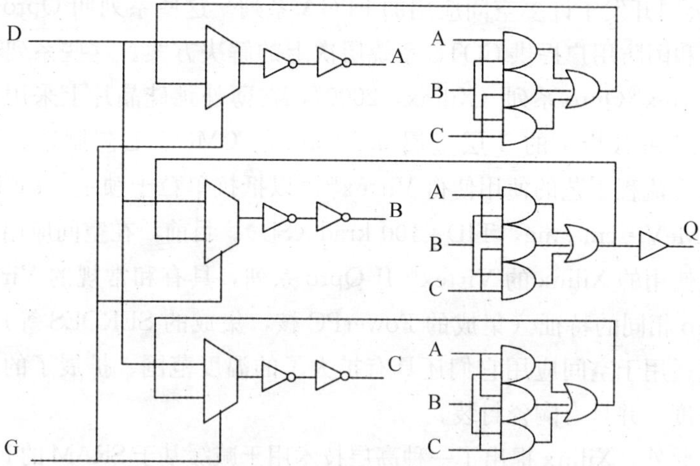

图 3－32　抗辐射 FX 或 AX 结构的 Actel FPGA 中存储器单元上的内置 TMR

3.3.2　基于 SRAM 的 FPGA

正如前面章节所述，SEU 对基于 SRAM 的 FPGA 具有特别的效应。其结果是，因为所有的块（逻辑、用户设计和布线）都易受翻转影响，所以不能简单地把高层技术应用到这类 FPGA 中。文献中许多解决此问题的办法建议基于 SRAM 的 FPGA 采用使用加固的存储器单元和新的布线结构的拓扑结构。其他的解决方法包括为 Xilinx 公司的 Virtex 最流行的基于 SRAM 的 FPGA 所研发应用的高层描述技术。Virtex®的解决方法大多数基于从故障中恢复，这些方法采用部分重配置和重新布线来纠正翻转并保障可靠性。然而，要注意以下重要的事实，即许多针对 Virtex®系列 FPGA 提出的高层描述方法并不十分有效，因为这些方法没有考虑 SEU 对基于 SRAM 的 FPGA 矩阵的特殊效应（peculiar effect），也就是逻辑、用户设计和布线中的永久性故障。这时，为了保证可靠性，必须使用硬件冗余。

3.3.2.1 高层描述中的 SEU 减缓方法

Xilinx 公司的 Virtex®有军用系列，也可应用于空间领域。Xilinx 公司开发了许多空间应用的 FPGA 系列。这些系列叫 Qpro，为航天和国防用户提供 COTS 系统层次上的解决方案。这些系列开始于 Virtex®Qpro 系列（Xilinx，2000），在薄外延硅晶片上采用商用掩模组和 Xilinx 的 5 层金属 0.22 μm 的 CMOS 工艺制造。外延 CMOS 流程工艺的使用使得 Virtex®可以抵抗单粒子锁定（$LET_{th}>$ 120 MeV · cm^2/mg，TID=100 krad（Si））。目前，在空间应用领域普遍使用的 Xilinx 的 Virtex® II Qpro 系列，具有和常规的 Virtex® II Pro 相同的特征（集成的 PowerPC 核，集成的 SERDES 等），为了更适用于空间应用它们还具有扩大了的温度范围、扩展了的辐射容忍度，并具有陶瓷封装。

此外，Xilinx 提出了一种高层技术用于减缓基于 SRAM 的 FPGA 中的 SEU。高层设计描述中的 TMR 方法与重配置（刷新）结合，可以避免翻转的积累（Carmichael et al.，2000，2001）。由于所有的块都做成了 3 倍，这样完全避免了矩阵中的单点失效。已经对该方法进行了研究，并进行了测试实验。在第 5 章～第 7 章中，将详细论述用于 Xilinx Virtex® FPGA 的基于 TMR 的 SEU 减缓技术。

参考文献（Alderighi et al.，2002）提出了一个用于多传感器系统的以 FPGA 为基础的多级互联网络（MIN）设计，将用于未来的空间科学任务。其特征是具有良好的同时进行故障诊断和故障检测的能力。采用的容错策略基于网络配置和 FPGA 重配置。每个片有一个片控制单元，用于改变实际的片的配置，而网络控制单元用于设置新的排列组合。当检测到一个影响片的故障时，有限状态机开始工作，并标出发生故障的 LUT 中故障的实际配置。随后，状态机运行，在存储于 LUT 的配置中搜索一个可用的等价配置。找到这个配置后，就用它来解决这个问题。为了检测故障，每个片采用一个校验检查器。实际上，校验是每个片中能被定义的唯一不变的特性。校验检查器被赋予了自检能力，这样它就能报告与故障集相关的故障状态。

这种方法的局限性在于只有很少的故障类型能用重配置网络进行恢复。在 FPGA 的定制布线中，所有具有永久效应的故障（如前面章节所述）只能由 FPGA 的重配置（刷新）来纠正。结果显示，注入的单个翻转中只有 10%能被这种方法恢复，这部分能被恢复的故障可能是 LUT 中的故障。多数故障是用简单的刷新来恢复的。

3.3.2.2 结构层上的 SEU 减缓方法

在参考文献（Mavis et al.，1998）中，提出了一种应用于空间和军事领域的 FPGA，它的研发基于下述 4 种工艺的组合。

① 抗辐射加固的非易失氧化硅氧化氮半导体（SONOS）EEPROM 晶体管；

② 独特的抗 SEU 存储电路，既能用于非易失的 SONOS，也能用于易失的 SRAM；

③ 高性能、抗辐射加固的、0.8 μm 和 3 层金属 CMOS 工艺；

④ 特别为具有良好抗辐射功能的加固电路设计而开发的新的 FPGA 结构。

通过此方法加固，FPGA 可达到抗总剂量 200 krad（Si），LET 大于 100 MeV · cm^2/mg。NMOS SONOS 晶体管和传统的 NMOS 晶体管不同，因为 SONOS 晶体管有不同的门限电压，而 NMOS 晶体管有固定的门限电压。为了擦除 SONOS 晶体管（对其编程到负门限电压），从门到 P 阱要施加大的负电压（10 V）。这使得空穴对形成了到氧化氮门电介质层的隧道，结果正电荷的存储产生一个耗尽型器件。为了在晶体管中存储数据（对其编程到正门限电压），从门到 P 阱要施加大的正电压（10 V）。这引起电子形成隧道到门电介质，结果形成负的存储电荷。在 FPGA 的 SRAM 版本中，易失的配置存储采用源于 DICE 的电路来实现。芯片用与 SONOS 版本十分相似的方法进行编程，采用移位寄存器串行装载行数据及列解码以选择被写入的列。

Actel 制作了基于 SRAM 的 FPGA 原型（Wang et al.，1999）。在这种结构里，标准的 SRAM 存储器单元被电阻器去耦存储器单元替代，效果取决于电阻器阻值；当只有一个节点被击中时，0.25 μm 的 DICE 存储器单元几乎是抗 SEU 的。图 3－18 和图 3－23 分别显示了电阻器去耦的存储器单元和 DICE 单元。电阻器去耦的存储器单元能避免翻转，是因为在反馈路径中插入了电阻器作为滤波器，能对带电粒子激发的瞬时脉冲滤波。DICE 单元能避免翻转，是因为它在两个截然不同的部分保存数据，如果一个部分被损坏，另一部分被单元构造所隔离。然而，参考文献（Wang et al.，1999）给出的结论表明，如果在设计中不特别关注 MBU 的问题，那么将会限制这两种解决方法的使用效果。在翻转率上，冗余加固（DICE 存储器）的有效性比电阻器方法低 2 个数量级。电阻器方法的缺点是对工作温度范围灵敏而且延时增加。DICE 在面积开销上具有劣势。其采用 12 个晶体管，而相比之下标准存储器单元采用 6 个晶体管。对于 0.18 μm 的存储器单元，两种方法的有效性都被削弱，需要电路的设计更具有创新性。

Atmel（Atmel，2001）也发布了一个基于 SRAM 的 FPGA（AT6010）版本，采用的是 SOI 工艺。最初的逻辑块没有进行逻辑修改，获得的改善限于在 SEU 出现时 SOI 本身具有的可靠性。以前的结果已经表明，只采用 SOI 工艺不能保证对 SEU 进行防护。因此，Atmel 提出的这种方法不完全适合空间环境。

参考文献（Kumar，2003）提出了一种以人类免疫系统为基础的新的基于 SRAM 的 FPGA。这种结构采用没有任何中心控制的分布式网络。错误（抗原）检测基于B细胞的操作原则。一旦在功能单元中检测到错误，一个预先设定的备用单元就会通过复制行为来替代该功能单元。采用这种重配置技术降低了系统的冗余。

功能单元由1个10位控制寄存器、1个1位错误寄存器和1个逻辑块组成。控制寄存器的内容可看成遗传代码。B细胞识别一个错误（抗原）的过程通过在功能单元中保证生成的输出互补来模仿。如果输出相同，也就是出现错误，结果被强行施加高阻。当出现错误时，通过强制功能单元的输出为00或11，就模仿了B细胞的功能。一旦检测到一个错误，单元中的1位错误寄存器就被置于1，功能单元所有的输入信息被装载到对应的备用单元中。与此相同，布线单元也有一个控制寄存器用于检测故障。作者没有深入研究控制寄存器中的故障，以及逻辑被备用逻辑替换前系统必须等待的时间。

3.3.2.3　恢复技术

过去几年，针对基于SRAM的FPGA，提出了许多涉及重新布线以及替换配置以避免使用中的CLB出现翻转的容错方法。在没有任何冗余的情况下采用运行时重配置来纠正错误所面临的第一个问题，是如何在矩阵中发现故障。参考文献（Mitra et al.，1998）提出了一个采用伪穷举BIST方法来检测矩阵中翻转的技术。这种技术有一项特别的优势，即执行错误定位时不必使整个系统停下来。其问题是检测故障时的持续时间。有些应用不能长时间地停止来等待系统的恢复。

参考文献（Lach et al.，1998，2000）给出了一个基于重配置和重布线的故障恢复的示例，其中的物理设计被分成一组小片。这种方法的关键是通过部分重配置FPGA后的配置替换来对故障进行响应。如果新的配置能实现和初始配置相同的功能，而避开了故障的硬件块，则系统能被重新启动。具有挑战性的步骤是有效地确定用于替换的配置，以及进行快速运行时的故障检测。参考文献（Xu et al.，2000）提出了基于SRAM的FPGA的另一个容错方法，该方法涉及布线过程。问题在于两篇论文所论述的辐射效应主要是翻转

(SEU)。但这种情况下，在下一次位流装载（重配置）时故障被纠正，不必做什么工作来搜索新的替换配置和布线。只有当总剂量引起的真正的永久性故障出现在矩阵中，例如出现门损坏、金属线短接或开路时，该方法才被证明是有效的。

参考文献（Yu，Mccluskey，2001）提出了在细粒度 FPGA 中修复永久性故障的一个解决方法。故障模块通过对芯片重配置而被修复，这样设计中就不再使用损坏的 CLB 或布线资源。有很多通过重配置来去除 FPGA 中永久故障的技术。一种方法是在计算系统中检测到永久故障后生成新的配置。另一种方法是生成预编译的用于替换的 FPGA 配置，把配置位映射存储于非易失存储器中，以便当永久故障出现时能选择新的配置，而不会带来再布线和再映射的延迟。作者给出了一些等价的候选设计，能在永久故障发生时替代初始的 TMR 设计，如图 3－33 所示。

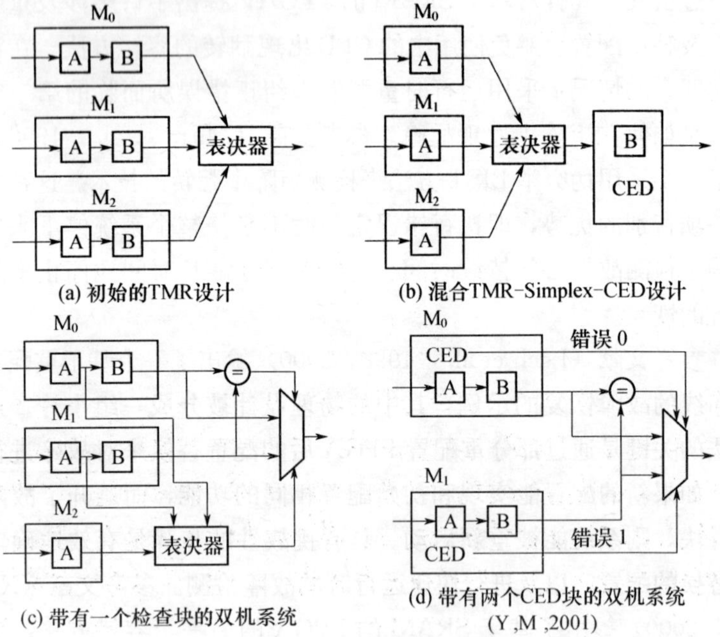

(a) 初始的TMR设计
(b) 混合TMR-Simplex-CED设计
(c) 带有一个检查块的双机系统
(d) 带有两个CED块的双机系统 (Y,M ,2001)

图 3－33　修改 TMR 得出的候选设计

对于系统的瞬时情况，作者建议采用传统的瞬时错误恢复技术。典型的例子包括前卷和卷回恢复技术。这些方法基本上是在系统层次上设计的，因此通用于 ASIC 和 FPGA 系统的恢复。然而，这个假设不是真实的，因为在基于 SRAM 的 FPGA 中，翻转不仅影响逻辑，而且也影响布线，这会使执行前卷和卷回技术的路径无效。本文不讨论真实的永久性故障（门损坏、金属线短接或开路）与下一次重配置之前的 SEU 之间的区别。

参考文献（Huang，Mccluskey，2001）也讨论了通过检测和纠正芯片上配置数据的错误来提高可靠性的部分重配置，但论文同时又提出了另一个问题，即部分重配置过程中存储器保持一致性能力的问题。因为 LUT 也能实现用户应用中的存储器模块，所以用户应用中存储器内容可能会被在线配置数据的恢复流程所改变，因此出现了存储器一致性的问题。这篇参考文献研究了存储器一致性的问题，提出了一种保持存储器一致性的技术，该技术对配置成存储器的 LUT 的放置不施加额外的约束。理论上的分析和仿真结果表明，这项技术利用用户应用中很小（0.1%量级）的执行时间开销保证了存储器的一致性。它的有趣之处在于能进一步和 FPGA 的刷新技术一起使用，以避免嵌入存储器中 SEU 的出现。

总之，过去的几年中，针对基于 SRAM 的 FPGA 提出了许多容错技术，这些技术都建立在恢复、结构设计和高层设计的基础上。过去提出的这些技术中，多数涉及高层设计方法和恢复过程，没有考虑基于 SRAM 的 FPGA 中有关 SEU 的所有细节和影响，因为这些知识太新了。在参考文献（Lima et al.，2003a）之前，没有论文介绍过 FPGA 中真正的永久故障与 LUT，用户设计与布线单元中具有永久性影响的 SEU 之间的区别。后面几章将详细说明对可编程矩阵中 SEU 效应的分析，以及为保证实时进行错误恢复而采用某种冗余及为避免故障积累而采用刷新（持续的重配置）的重要性。

第 4 章　结构层 SEU 减缓技术

第 2 章已经阐明，采用 SRAM 定制的可编程逻辑器件由许多部件组成，如包括 LUT、多路选择器和触发器的复杂逻辑块，嵌入式存储器，PLL 及专用布线区段。另外，当前使用的 FPGA，如 Xilinx 的 Virtex® II－Pro 系列，不仅可以插入软核，而且还可以在芯片中嵌入硬微处理器核，以提升数据处理能力并改善性能。图 4－1 表示的是一种假设的拓扑结构。

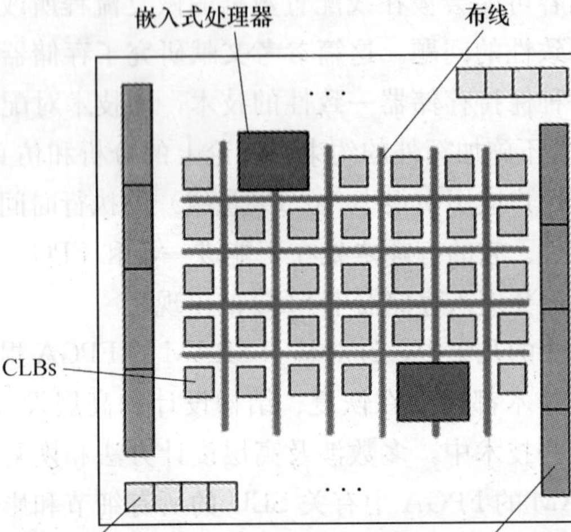

图 4－1　研究案例：假设的 FPGA 结构

新一代包含嵌入式硬处理器的 FPGA 系列中的 SEU 减缓问题，可以分为两部分进行分析：微处理器和可编程逻辑。此外，每个部分还可以根据功能及一些特性细分为更小的逻辑块。通过南大河洲联邦大学（UFRGS）研发的类 8051（8051－like）微控制器，进行了微处理器防护的研究（Carro；Pereira；Suzim，1996）。采用海明码对所有的寄存器和内部存储器进行防护（Lima et al.，2000a；Lima et al.，2000b；Cota et al.，2000）。结果表明了这种方法的可靠性，以及为避免翻转积累而对电路的某些部分，主要是存储器，进行更新的必要性。为了测试标准 8051 和抗 SEU 的 8051 在单位翻转和多位翻转中的表现，特别研发了一种故障注入系统（Lima et al.，2002a）。有了第 3 章的有关分析和之前所做研究打下的基础，很容易理解用防护微处理器的方法来抗 SEU 的问题，文献中所提出的技术都能够用来提高该方法的可靠性。

然而，由于结构的高度复杂，在基于 SRAM 的 FPGA 中，考虑面积、性能和功耗等各因素后寻找到有效的技术仍然是一大挑战。正如前文所提到的，当使用 FPGA 的用户组合逻辑发生翻转时，会产生不同于一般 ASIC 的特殊影响。SEU 表现为瞬时影响，但紧随其后的是永久性影响，并且该翻转既能对组合逻辑产生影响，也能对布线产生影响。这种瞬时故障伴随着永久故障的影响后果已经不能通过标准的、常用于 ASIC 的容错方法（如检错纠错码 EDAC 和海明码，或使用单个表决器的标准 TMR）来处理，因为发生在编码译码逻辑或表决器中的故障会使这些技术无效。此外，在下一章中我们还将分析发生在基于 SRAM 的 FPGA 布线逻辑中的能够危及 TMR 防护技术的故障。防护基于 SRAM 的 FPGA 以抵抗 SEU 的问题仍未得到有效解决，并且需要进行更多的研究来减少当前所使用方法的局限性。

上一章提到了一些针对基于 SRAM 的 FPGA 结构层和高层描述的技术。本章将着重阐述结构层的改善方法，高层描述方法将在下一章讨论。

在结构层，前述解决方法至少留下了两个悬而未决的问题。

① 如何处理 CLB 中的 SET，以避免翻转被触发器存储；

② 如何应对发生在 LUT，布线和嵌入式存储器中的多位翻转。

在本章中，我们进一步研究了基于 SRAM 的 FPGA 的 SEU 减缓技术，使其不仅能应用于包含或不包含嵌入式处理器的 FPGA，而且还能解决以上提到的两个悬而未决的问题。选择基于 SRAM 的 FPGA，是因为其在空间环境中的高可用性。不同于采用反熔丝技术仅能编程一次的 FPGA，基于 SRAM 的 FPGA 能够在非常短的周期内根据用户的需要多次重复编程。因此，应用程序可以在航天器发射后进行更新或修改。这种特性在空间应用中具有极高的价值，因为它不仅能降低任务升级的成本，甚至能在发射后拯救含有设计缺陷的任务。

为了提出针对基于 SRAM 的 FPGA 的 SEU 减缓技术的改善措施，首先对可编程矩阵中敏感区域的数量和它们的特性进行分析是十分必要的。表 2—1① 表示的是 Virtex®系列一个 CLB 块中配置单元的集合，有 864 存储位用于逻辑的定制。分析每种 SRAM 单元在整个 CLB 存储单元集合中所占比例可知，LUT 占 7.4%，触发器占 0.46%，CLB 中的定制位占 6.36%，通用布线占 82.9%。

根据以上结果，布线配置（CLB 和通用布线的定制位）中的翻转效应似乎是主要关注所在，大约占了每个 CLB 敏感区域的 90%。这种类型的故障，正如前文提到的，在逻辑设计的最终连接中导致开路或短路并由此引起永久性影响。增加定制逻辑面积的解决方法并不在 FPGA 最终面积和成本方面具有吸引力，这是因为其意味着要占更大比例的 FPGA，而值得注意的是布线占了大约 90%的 FPGA 面积。

除了表 2—1 所示的这些可编程单元外，在 FPGA 器件中还存在其他可能受 SEU 影响的存储单元，包括以下几个。

① 可选微处理器访问端口（SelectMAP）锁存器。

② JTAG 测试访问端口（TAP）锁存器。

③ 其他内置非可编程单元的锁存器，如位流加载机和上电复位（POR）控制。

---

① 原文为表 4—1，似有误。——译者注

SEU 对这些锁存器的主要影响是单粒子引起的功能中断(SEFI)，如配置电路翻转和 JTAG 电路翻转。在 POR 电路中只有少量的触发器或锁存器，一般不多于 40 个。虽然截面小，但它们并不能被忽视，因为这些锁存器中任一个发生翻转，都能导致整个芯片被重新编程。图 4－2 表示的是这些触发器在 FPGA 矩阵中所处的位置。

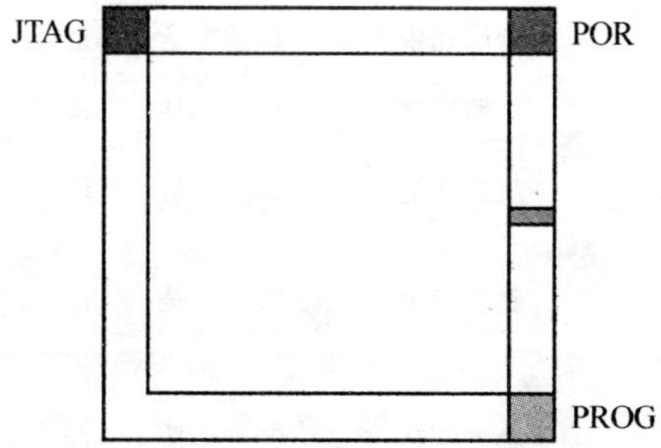

图 4－2　基于 SRAM 的 FPGA 中的特殊元件

防护 POR 的方法包括对整个模块进行 TMR 处理，用抗 SEU 存储单元替换普通单元，或在器件被外部管脚编程完毕后使用额外逻辑关闭 POR。下一节将讨论一些用于防护 LUT、触发器、布线和定制单元的 SRAM 单元以及用于防护嵌入式块 RAM 的容错技术。并基于之前 ASIC 应用中的工作结果，对每种技术的优缺点进行分析。

研究的第一种方法是使用抗 SEU 触发器替换 FPGA 中部分或全部的锁存器。过去数年中已经设计了许多加固型存储单元。然而，每一种加固型存储单元在针对某些应用时才能显示出较高效率的特性。表 4－1 列出了它们之间的对比结果。用来比较的主要特性包括晶体管数、使用的方法、SEU 影响级别、是否有积累翻转的能力，以及在组合逻辑中抗 SET 的性能。例如，标准的锁存器具有第 1 级敏感性；换句话说，在有单点击中时它们就会翻转。而某些单元，如 TMR 存储单元、DICE 存储单元和简单的暂存单元，在多个节点被击中时才会翻转。例如，由 DICE 单元构成的暂时锁存器具有第 2 级和第 3 级敏感性。

表 4—1　加固型存储单元总结：主要的优点和缺点

加固型存储单元	方法	Ⅰ	Ⅱ	Ⅲ	Ⅳ	Ⅴ	Ⅵ
电阻存储单元	去耦电阻	8	是	是	否	否	否
IBM 存储单元	反馈恢复	12	是	是	否	否	否
NASA Ⅰ和Ⅱ存储单元	物理冗余	12	是	是	否	否	否
DICE 存储单元	物理冗余	12	是	是	否	否	否
HIT 存储单元	反馈恢复	12	是	是	否	否	否
CANARIS 存储单元	反馈恢复	32	是	是	否	否	否
带 1 个无更新表决器的 TMR	物理冗余	38	是	否	是	是	是
带 3 个有更新表决器的 TMR	物理冗余	90	是	否	是	否	是
暂存存储单元	暂存和物理冗余	80	是	否	是	是	是
带 DICE 的暂存单元	暂存和物理冗余	134	是	是	是	否	是

注：Ⅰ—晶体管数；
Ⅱ—抗 SEU 和 MBU 第一级影响；
Ⅲ—抗 SEU 和 MBU 第二级影响；
Ⅳ—抗 SEU 和 MBU 第三级影响；
Ⅴ—翻转累积；
Ⅵ—抗 SET。

与逻辑冗余技术和 EDAC 相比，加固存储器开销小，因而适合替换位于布线、通用定制和查找表中的 SRAM 单元。诸如 IBM，NASA，DICE，HIT 和电阻存储单元等方法在晶体管数目和故障覆盖率上具有优势。其最终所占面积相当于原始设计的 2 倍，但以其高可靠性这仍是一个非常好的结果。

例如，对于 LUT 来说，如果各单元相互之间布局非常接近，且当每个 TMR 存储单元使用的是 DICE 存储单元时，则使用 TMR 存储单元的方法是可行的。在这种情况下，该解决方法对第 1 级、第 2 级和第 3 级翻转都表现出较好的健壮性。并且因为 LUT 单元仅有 7.4%这种单元，因此对面积的影响也不会很大。参考文献（Rockett，2001）提到了一种为 FPGA 研发的基于去耦电阻的抗 SEU 存储单元。该设计通过非对称结构提供数据单元上电，即处于已知状态的能力。该参考文献对这种单元的尺寸和速度进行了讨论。例如，对于处在非关键路径的单元，如控制反向布线的单元，就不需要高速操作和大量的晶体管。这时，容错性能和尺寸就成为主要问题了。

FPGA 中的嵌入式存储器必须加以防护从而避免产生错误。正如前文提到的，EDAC 技术适用于纠正发生在存储器中的翻转。其中一个可应用于嵌入式 FPGA 存储器的例子是海明码。然而，正如上一章所讨论的，海明码无法应对同一码字发生的多位翻转。但是在嵌入式存储器中，防范 MBU 的发生恰恰是非常重要的，这主要是基于以下两个原因。

① 新的 SRAM 技术（VDSM）对 MBU 敏感；

② 刷新过程无法重新配置（更新）内部存储器，因此，翻转在存储器中发生积累的可能性很大。

因此，需要一种新的编码来纠正所有可能发生的双位错误。最初的选择是使用能够纠正两个不同符号的 Reed—Solomon（RS）编码。但这种 RS 码与仅能纠正单符号的 RS 码相比有超出 2 倍的面积和延迟开销（Houghton，1997），这使得该方法不适合在存储器结构中应用硬件。虽然之前已经发表了关于使用 RS 码防护存储器的文献（Redinbo，Napolitano，Andaleon，1993），但它并没有考虑同一码字中发生双位翻转的问题，而这十分可能在使用 VDSM 技术时发生。

目前已经开发出一种能够纠正 VDSM 存储器中所有双位翻转的新方法。这种方法将海明码和具有单符号纠错能力的 RS 码相结合，解决了如何使用低成本的 RS 码来得到百分之百双位错误纠正率的问题。海明码用于防护 RS 符号间的数据位，被海明码防护的位数与被 RS 码防护的符号数相同，因此该方法并不会显著增加面积开销。

图 4—3表示的是在一行已经采用 RS 码编码的数据中插入海明码的情形。

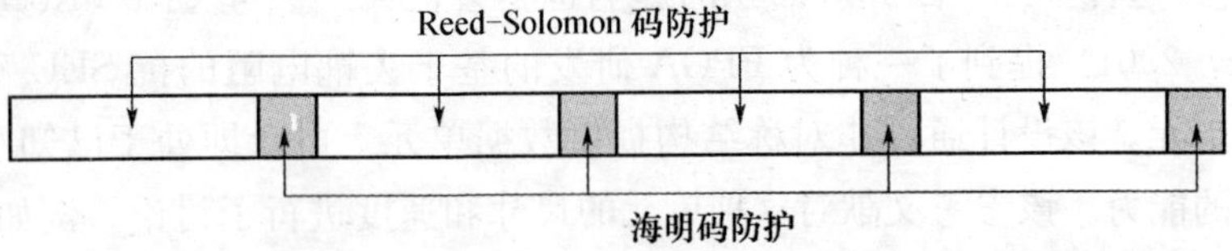

图 4—3　使用 Reed—Solomon 和海明码防护的存储器行的示意图

这种方法在参考文献（Neuberger，Lima，Carro，Reis，2003）中有详细的介绍。相关结果显示了该方法在所有一位翻转、两位翻转以及多种类型的多位翻转发生时表现出的有效性。该方法能纠正所有的两位故障和多数的多位翻转，例如图 4—4 所示的 a，b，c，d，e，f 和 g 故障类型。唯一一种仅被检测出但该方法无法纠正的多位故障是如图 4—4 所示的故障类型 h，即当多位翻转（三位以上）影响到两个不同的 RS 码符号时。

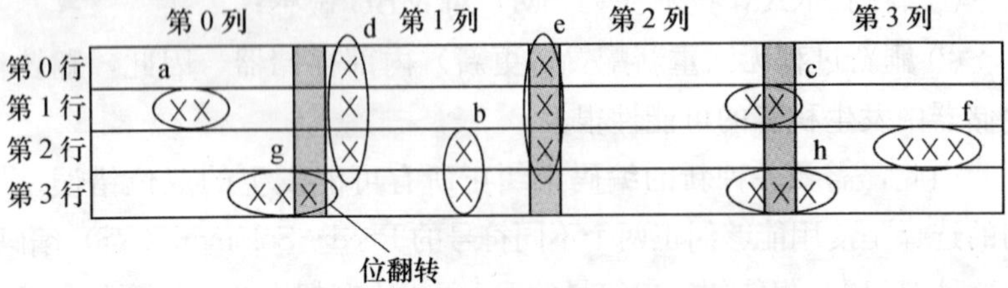

图 4—4　使用 Reed—Solomon 和海明码防护的存储器行的示意图

这种具有两位故障容错能力的存储器的最终结构如图 4—5 所示。例如，对于 128 位的数据防护，RS 编码需要 14 位额外位，海明码需要 5 位额外位，每行数据总计需 19 个校验位。有两个分别用于海明码和 RS 码的编码块和解码块。校验位存储在存储器预留的区域中。同时必须要考虑所有 RS 校验符号和海明码校验位的分布情况，避免在同一海明码校验字中或同一 RS 码字的两个校验符号中发生两位翻转。这种 RS 编码模块能够适用于参考文献（Neuberger，Lima，Carro，Reis，2003）中任何规模的数据存储器。

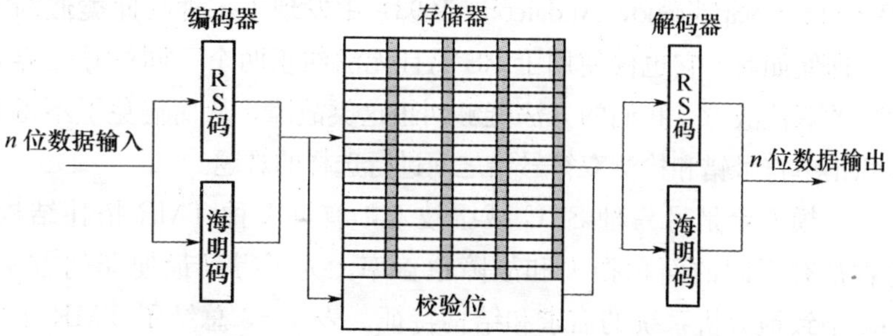

图 4－5　存储器结构中的海明码和 RS 码

为了便于在面积、性能和故障覆盖率方面进行评估，作为案例研究的存储器采用了 VHDL 描述并使用 Virtex® E 系列 FPGA 的 RAM 块和 CLB 进行原型实现，相关结果如表 4－2 所示。

表 4－2　使用 Reed－Solomon 码和海明码防护的存储器的面积和延迟

	16 位海明码		112 位 RS 码	
	编码	解码	编码	解码
四输入 LUT 数	22	99	215	538
额外触发器数	5×行数		14×行数	
延迟（ns）	9.3	21.7	14.5	47.6

结果表明容错存储器的面积开销基本上来源于编码模块和解码模块所占的面积。此外，仅需要两个 BRAM，一个用于存储 RS 冗余符号，另一个用于存储海明码附加位。FPGA 中的容错存储器的性能损失大约为 50％。当编码和解码模块在应用中使用随机逻辑而不是 CLB（原型版）时，能减少这种损失。

总之，这种将 RS 码和海明码结合在一起来防护存储器、抵抗 SEU 的方法，可应用于新的基于 SRAM 的加固 FPGA 中，并且是一种极具吸引力的容错技术。它还能够用来防护存储器抵抗所有两位故障和许多多位故障，同时不会引起面积太大的改变，不会干扰嵌入式存储单元当前的正常工作和设置。这种方法具有创新性，只在参考文献

(Redinbo，Napolitano，Andaleon，1993）中发现了一种与此类似的方法，即便如此，它也仅使用了RS码且无法纠正两个不同符号交界处发生的双位故障。我们的方法能够纠正这类故障，从而避免了不得不在纠正单符号错和检测双符号错之间进行选择的难题。

三模冗余是另一种SEU减缓技术，有许多种TMR拓扑结构，每种都有不同的面积损失和故障覆盖率。为了得到最便捷的方法，必须细致地分析系统的需求和结构特征。表4—3总结了TMR主要的应用方法。

表4—3　TMR方法总结：主要优缺点

TMR	Ⅰ	Ⅱ	Ⅲ①	Ⅳ	Ⅴ
无更新的TMR器件	是	是	是	是	是
时序逻辑TMR，无更新	见表4—1，取决于TMR锁存器			是	否
时序逻辑TMR，有更新	见表4—1，取决于TMR锁存器			否	否
组合逻辑和时序逻辑TMR，无更新	是	否	是	是	是
组合逻辑和时序逻辑TMR，有更新	是	否	是	否	是

注：Ⅰ—抗SEU和MBU第1级影响；
Ⅱ—抗SEU和MBU第2级影响；
Ⅲ—抗SEU和MBU第3级影响；
Ⅳ—翻转积累；
Ⅴ—抗SET。

CLB触发器接收多路选择器的输出，从而构建起来自CLB片中LUT的信号路径。如果多路选择器中的一个发生瞬时故障（SET），则该翻转不被触发器存储。因此，仅仅使用加固触发器来替换CLB触发器是不足以满足可靠性要求的，必须在这些触发器的输入端加

① 原文为Ⅱ，似有误，应为Ⅲ。——译者注

入某些故障检测和修复机制以消除 SET。如果要做到组合逻辑不被改变，一种可行的方法是将由 DICE 存储单元组成的暂存锁存器与带更新功能的 TMR 方法相结合，正如参考文献（Mavis，Eaton，2000；Mavis，Eaton，2002）所提出的那样。最终应用的触发器不仅对第 1 级、第 2 级和第 3 级 SEU 和 SET 表现出高可靠性，而且能够实现 SEU 的更新。此外，该方法对最终面积影响较小，这主要是因为触发器在总敏感区域中所占的面积不到 1%。加固触发器的拓扑结构如图 4−6 所示。

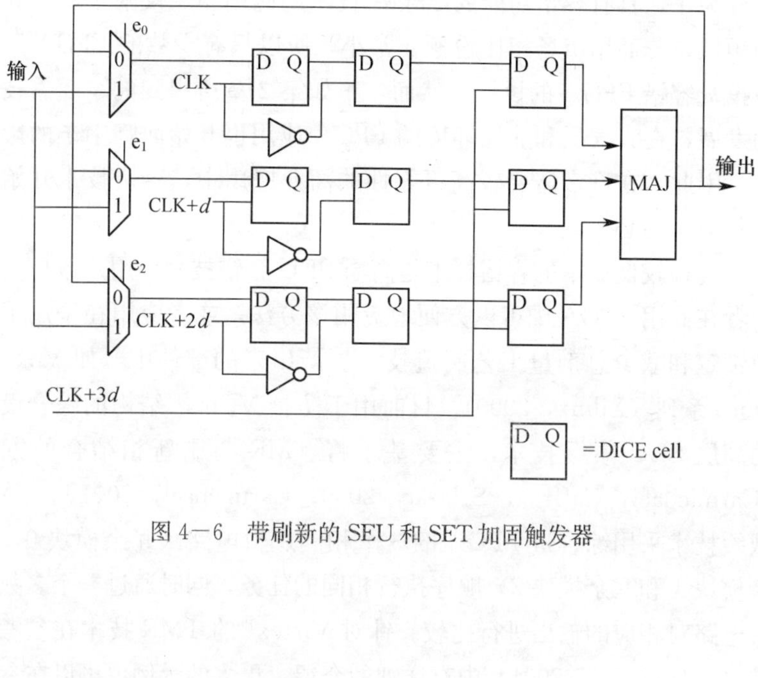

图 4−6　带刷新的 SEU 和 SET 加固触发器

第5章 高层SEU减缓技术

上一章讨论了基于SRAM的FPGA在结构层的容错技术。尽管这些方法能够实现高可靠性，但它们同时也带来了高昂的成本，因为要改变矩阵结构，就必须对研发、测试和制造进行一系列的投入。迄今为止，具有容错功能的FPGA技术的应用领域仅限于军事和空间领域，与商用市场相比份额非常小，所以只有少数的FPGA厂商在投资容错FPGA的设计。然而，正如第2章所提到的，随着技术的发展，在大气层和陆地环境的FPGA应用也开始面临中子的影响了。因此，在许多需要较高可靠性的商业应用中，容错技术开始显现其应用的必要性。

一种较低成本的容错技术是高层SEU容错技术，用户或厂商设计者在商用FPGA中可以方便地应用该方法，或者应用在采用了避免锁定和减少总剂量工艺制造技术生产出来的部件中，如Virtex® Qpro系列（Xilinx，2000）。目前用于防护Virtex®结构的综合设计的高层SEU减缓技术，主要基于将TMR与刷新相结合的方法（Carmichael，Caffrey，Salazar，2000；Carmichael，2001）。TMR减缓技术采用综合进FPGA的3个相同逻辑电路（冗余模块0，冗余模块1和冗余模块2）顺序执行相同的任务，同时通过一个多数表决电路对相应的输出进行比较。针对Virtex®的TMR技术在参考文献（Carmichael，2001）中有详细的介绍，更多的示例也可以在参考文献（Lima et al.，2001b）中找到。

5.1 针对FPGA的三模冗余技术

在Virtex®结构中，TMR电路的正确应用依赖于需减缓的数据结构的类型。这些逻辑可以组成 4 种不同的结构类型：直通逻辑、状态机逻辑、输入输出逻辑和特殊结构（可选择 RAM 块，DLL 等）。直通逻辑是一种任意尺寸和功能、同步或异步的逻辑模块，其中所有的逻辑路径在不形成逻辑环路的前提下从模块的输入流向输出。在这种情况下，仅仅通过构建 3 个冗余逻辑部分（0，1 和 2）即可实现逻辑三重化。由于 FPGA 的输出将在稍后表决，因此直通逻辑不需要表决器。

状态机逻辑是指在模块内任意寄存器级的寄存器输出反馈回其之前的寄存器级，从而形成一个寄存器逻辑环。这种结构用于累加器、计数器，任意的自定义状态机或状态时序器，这些器件的内部寄存器的给定状态取决于它之前的状态。在这种情况下，不仅要将逻辑三重化，而且必须在输出端加入多数表决器。由于寄存器不能被锁定为错误的值，因此每个冗余逻辑的反馈路径上都要有一个表决器，以使系统能够实现自恢复。这种结构的一般例子如图 5－1 所示。

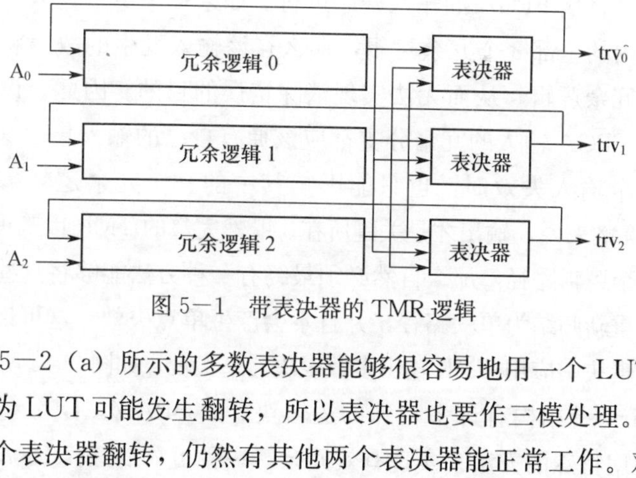

图 5－1　带表决器的 TMR 逻辑

图 5－2（a）所示的多数表决器能够很容易地用一个 LUT 来实现。因为 LUT 可能发生翻转，所以表决器也要作三模处理。这时，如果一个表决器翻转，仍然有其他两个表决器能正常工作。对于受可用逻辑资源限制的设计，多数表决器可以用 Virtex® 三态缓冲器来代替 LUT，如图 5－2（b）所示。

采用 TMR 设计方法的首要目的，是在设计中消除所有的单点

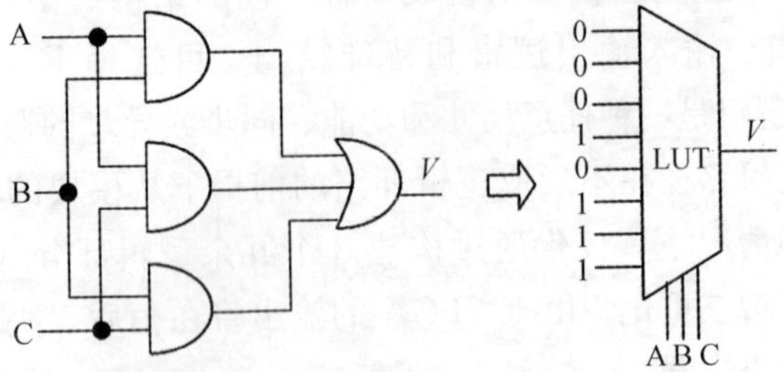

(a) 三输入多数表决器示意图

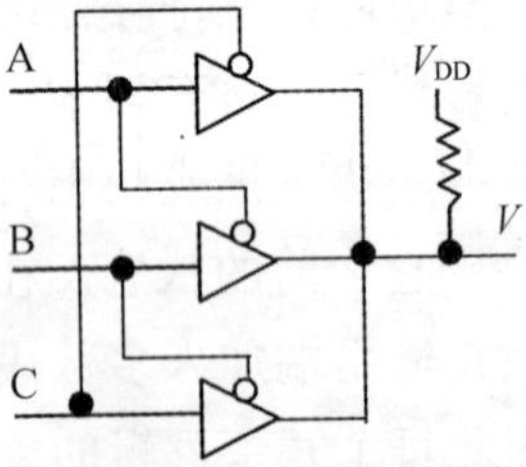

(b) 使用三态缓冲器的三输入多数表决器

图 5－2　多数表决器（Carmichael，2001）

故障。这将从 FPGA 的输入开始进行。如果一个单一输入被连接至 FPGA 内的全部 3 个冗余逻辑，那么在该输入发生的故障将传播至所有的冗余逻辑，从而无法实现消除错误的目的。因此，设计中每个使用 FPGA 输入的冗余分支都应该拥有自己的输入集。这样，当其中一个输入失效时，也只能影响其中的一个冗余逻辑。对整个 TMR 策略来说，输出才是关键所在。既然完整的 TMR 以三重方式生成了每个逻辑路径，那么自然必须最终有一种方法能够将这些三重逻辑路径重新归结为单一路径，并且不会产生单点失效。这可以通过在输出逻辑块中应用 TMR 输出多数表决器来实现，如图 5－3 所示。

Virtex®结构有许多特殊的逻辑块，如 BRAM，DLL 等，这些都需要用特殊的方法来实现有效冗余。一种可靠的三模 BRAM 的方法是持续更新 BRAM 内容，如图 5－4 所示。因为都是双口存储器，所以其中一个端口可以专门用于错误的检测和修复。但这也意味着 BRAM 从此只能被其他用户逻辑当做单口存储器来使用。为了更新

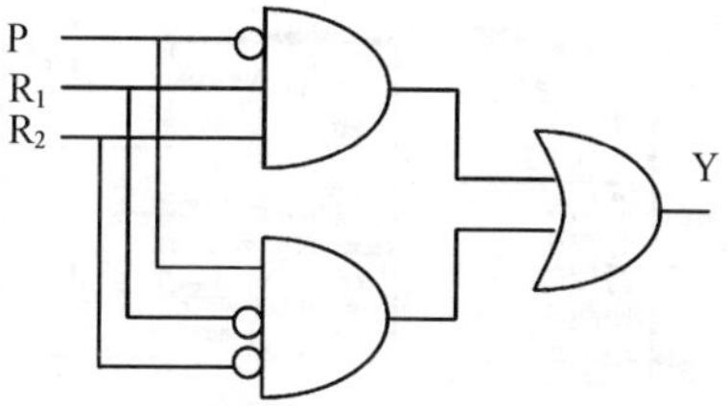

P	R_1	R_2	Y
0	0	0	0
0	0	1	0
0	1	0	0
0	1	1	1
1	0	0	1
1	0	1	0
1	1	0	0
1	1	1	0

(a) 输出逻辑表决器和真值表

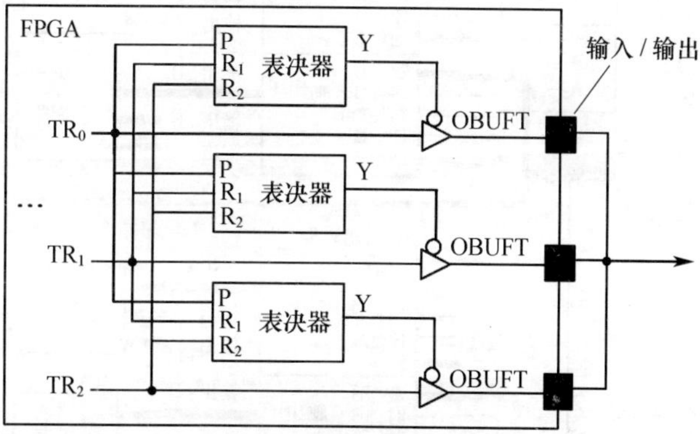

(b) TMR 输出表决器示意

图 5－3　Virtex®输出逻辑中的表决器结构（Carmichael，2001）

存储器内容，可以使用计数器通过每 n 个时钟周期递增地址来遍历存储器。每个地址的数据内容按指定的频率由多数表决器表决，并把表决结果写回存储单元中。

一种典型的 FPGA 设计，通常含有可分解为逻辑常量（VCC 或 GND）的信号，但这些常量无法从设计中全部优化掉。当布局布线工具（PAR）处理 VCC 和 GND 信号时，会最大化地利用器件资源。这主要通过使用位于所有 CLB 输入管脚和 I/O 模块的保持电路来实现。保持电路排列在布线通道和逻辑块输入管脚中。当布线通道传输工作信号时，保持电路是透明的。但当通道未被使用时，保持电路将保持其最后已知值，即上电初始化值或通过激活 FPGA 的

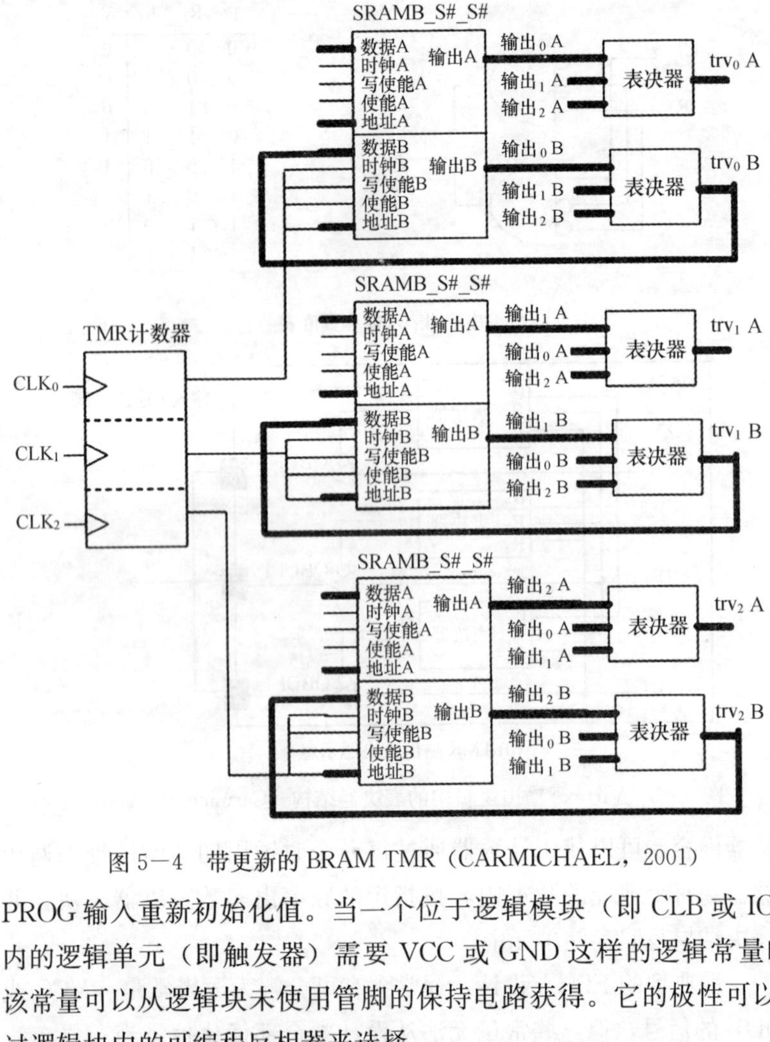

图 5－4　带更新的 BRAM TMR（CARMICHAEL，2001）

PROG 输入重新初始化值。当一个位于逻辑模块（即 CLB 或 IOB）内的逻辑单元（即触发器）需要 VCC 或 GND 这样的逻辑常量时，该常量可以从逻辑块未使用管脚的保持电路获得。它的极性可以通过逻辑块内的可编程反相器来选择。

通过直接电离或间接将工作布线通道与保持电路的输入短暂连接的方法，SEU 可以造成保持电路状态的翻转或改变。无论哪种情况，功能错误都既不可能通过回读检测出来，也无法通过部分重配置而得到修复。因此，这种类型的错误被称为持续性错误，只能通过 FPGA 全部重新初始化来修正。原理图的设计者应该在设计前，认真检查可能包含寄存器的所有库宏单元的原语实现。即使该宏在顶层提供了时钟使能和复位管脚，其原语实现仍然可能与预期的不符。类似地，如果VHDL用户描述了一个同步进程而没有指定时钟使能或初始化功能，那么综合工具将通过使用原语并将所有未占用管脚连接至正确的逻辑常量来实现该功能，由此引入了VCC和GND。为了避免永久性故障，必须在设计中将每个冗余逻辑的用户VCC，用户GND和用户时钟使能作为输入来建立。

5.2 刷新

在设计中使用TMR并不足以保障长时间的可靠性，这是因为翻转会在矩阵中积累，进而在TMR中引发错误。正如第2章所阐述的，位于LUT和布线配置单元中的翻转直到器件再次配置时才能被消除。因此，十分有必要以特定的频率清除所有翻转，从而保证TMR方法的正确功能。最先提出的清除矩阵中翻转的技术基于回读位流、检测翻转和重载入最初值（Carmichael，Caffrey，Salazar，2000），但这种方法的问题是太耗时。

一种纠正SEU的更简单的方法是省略回读和SEU的检测，仅仅简单地按照选定的间隔重载整个CLB帧（Xilinx，2000c）。这种方法被称为刷新。刷新可以使系统小型化，但也意味着配置逻辑将在更多的时间内处于写的模式。当然，用于完整刷新的周期时间可以被相对缩短。刷新技术允许系统在不干扰正常工作的情况下修复配置存储器中的SEU。该操作通过Virtex® SelectMAP接口完成。当FPGA处于这种模式时，由外部晶振生成的配置时钟来驱动PROM和FPGA。每个时钟周期在PROM数据管脚都会得到新的数据。一个例子是在频率为33 MHz时能提供高达264 Mbit/s传输速率的Flash-PROM XQR18V04，图5—5所示的就是这种刷新方法。

刷新周期取决于配置时钟的频率和回读位流的长度。对于XQVR300而言，要执行全部的刷新载入需要使用207 972个时钟周

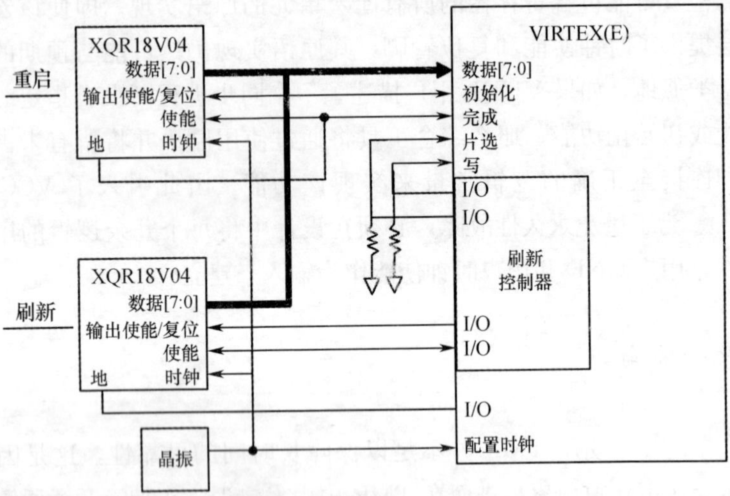

图 5—5　刷新配置方法

期（刷新周期＝时钟周期数×时钟周期）。刷新率描述了刷新操作执行的频繁度。它是由特定应用中器件的预期翻转率决定的。翻转率由器件的静态位截面以及应用或任务预期经受的带电粒子通量计算得到。刷新率应该被设置为能在下次翻转发生前修复配置存储器上的 SEU。现实中最小化后的刷新率与刷新周期相等。这时，配置逻辑总在更新。设计类型同样将对刷新率的选择产生影响。经验之法是将刷新率设置在高于预期翻转率的一个数量级或更高一些。换句话说，系统应该平均在每个翻转间隙执行至少 10 次刷新操作。

第 6 章　三模冗余（TMR）的健壮性

在 Virtex® FPGA 的高级描述语言中应用的 TMR 技术的健壮性，可以采用注入故障的方法进行评估。有两种注入故障的方法，一是在矩阵的配置位中（LUT 和配置布线单元）引入故障，二是通过地面辐射测试设备产生的电子束所形成的质子引入故障。为了更好地理解故障是如何注入到配置单元里并影响设计运行的，首先要研究 FPGA 的配置存储器。

Virtex®配置存储器可以看成是亦称为位流的矩形位阵列，如图 6—1所示。配置存储器阵列由 3 个独立的模块组成，即 CLB 帧、$BRAM_0$ 帧和 $BRAM_1$ 帧。2 个 BRAM 模块只包括 RAM 单元内容。

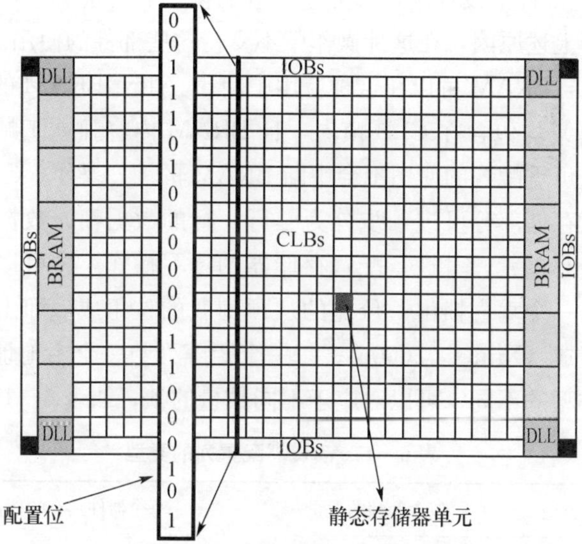

图 6—1　Virtex®结构概况

BRAM与CLB阵列的寻址是独立的，因此存取块RAM中的数据需要独立的读/写操作。在进行后配置操作期间必须避免BRAM的读写操作，以免破坏用户的正常使用。

CLB帧包含FPGA可编程单元的所有配置数据，其中有LUT值，CLB，IOB和BRAM控制单元及所有的互连控制。这样，在FPGA中每个可编程单元均可通过单独的读或写操作进行寻址。只要LUT不用做分布式RAM部件，整个配置锁存器在进行存取时就不会影响用户设计的功能。

如果CLB触发器具有配置锁存器需要的可编程特征，则触发寄存器本身相对于配置锁存器是独立的，并且不能通过配置单元来存取。那么，回读和部分配置就不会影响这些寄存器中的数据。然而，当LUT用做分布式RAM单元或者用做移位寄存器时，原先仅包含静态LUT值的16个配置锁存器则变为动态设计单元了。因此，在一个包含LUT－RAM（即RAM16×1S）或LUT移位寄存器（SRL16）部件的设计中，部分重配置的使用有可能会中断用户的操作。基于上述原因，在这种操作中不支持这些部件的使用。

然而，BRAM可以在这种应用中使用。由于BRAM的所有可编程控制单元均包含在CLB帧内，且BRAM内容独立于帧部分，因此，部分可重配置的使用不会中断BRAM的用户操作。

配置存储部分可进一步分为一行一行的数据帧，数据帧是配置数据的最小单元，可进行配置存储器的读写操作。位可以组成垂直的帧，每一个垂直帧由一位宽的从顶到底的位组成，即由主地址定义的列组成（Xilinx，2000c）。每一个矩阵列与一个主地址相连，根据列的类型的不同，可以对应于不同数量的帧，如表6－1所示。

表6－1 Virtex® 配置列的类型

列的类型	包含的帧的数量	每个器件具有的数量
中心（center）	8	1
CLB	48	CLB的列数

续表

列的类型	包含的帧的数量	每个器件具有的数量
IOB	54	2
BRAM 互连	27	可选择 RAM 块的列数
BRAM 内容	64	可选择 RAM 块的列数

依据每次操作的地址，帧可以顺序地进行读写操作。帧的大小取决于器件中行的数量。一个帧中配置位的数量是 18×（CLB 行数+2），且在右底部（LSB）加上零以满足 32 位字的要求。

每类列中帧的格式是不同的。器件中的帧是垂直排列的，帧的头部在顶部。CLB 列帧、IOB 列帧和 BRAM 内容帧的格式如图 6－2 所示。帧的顶部在图的左边。

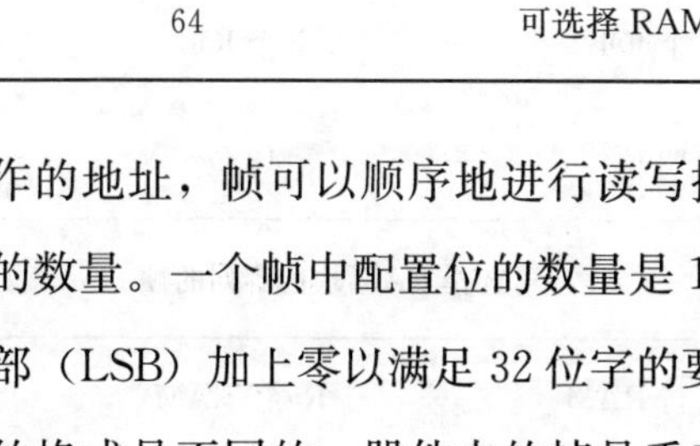

图 6－2　CLB 片映射

CLB 片由 CLB 逻辑和周围矩阵中已确定的行列连接组成，每一个 CLB 片中包括 864 个自定义位，即 48 个帧，每帧 18 位，如表 6－2 所示。这些位分成查找表位（占 7.4%），CLB 配置位（占 6.8%），互连位（占 84.2%）和三态缓冲器配置位（占1.6%）。

表 6-2 帧的格式

CLB列的帧				
顶端2个IOB	R_1行CLB	…	Rn行CLB	底端2个IOB
18位	18位	…	18位	18位
IOB列的帧				
顶端3个IOB	3个IOB	…	3个IOB	底端3个IOB
18位	18位	…	18位	18位
可选择RAM块内容列的帧				
填充	R_0行RAM	…	Rn行RAM	填充
18位	72位	…	72位	18位

故障注入分析是一种把部件放入辐射环境之前进行设计评估的有效方法。基于SRAM的FPGA中故障注入的定义为配置位流中所有位中的一个翻转。这样，就有可能对可编程矩阵中所有敏感区域中的翻转效应进行评估。这些位中某些部分直接与用户设计的组合逻辑和时序逻辑有关，某些部分与FPGA结构和设计应用有关。

首先进行的评估TMR设计的故障注入分析由以下4个步骤构成。第1步，使用故障注入工具对所有引起TMR动态错误的配置位进行编目。第2步，在FPGA矩阵中根据行、列和功能识别所有的标志位，基于这些信息，可以利用JBits来识别FPGA IC原理图中的这些位（Guccione et al.，1999）。第3步，在FPGA编辑工具中识别FPGA IC原理图中位的位置与准备进行测试的FPGA设计位的位置的相关性。最后一步，描述错误的特征。

6.1　测试设计方法

TMR 测试设计方法用于分析含有 TMR 计数器设计的 Virtex® FPGA 中的 SEU，在电路中重复使用 TMR 计数器设计以便占满器件（XQVR300）的资源。所有 CLB 用流水设计的方式来实现 8 个 TMR 的 32 位计数器。该设计分为 3 组：冗余逻辑部分 0，冗余逻辑部分 1 和冗余逻辑部分 2，每一冗余组由 8 个 32 位计数器组成，其设计原理如图 6－3 所示。

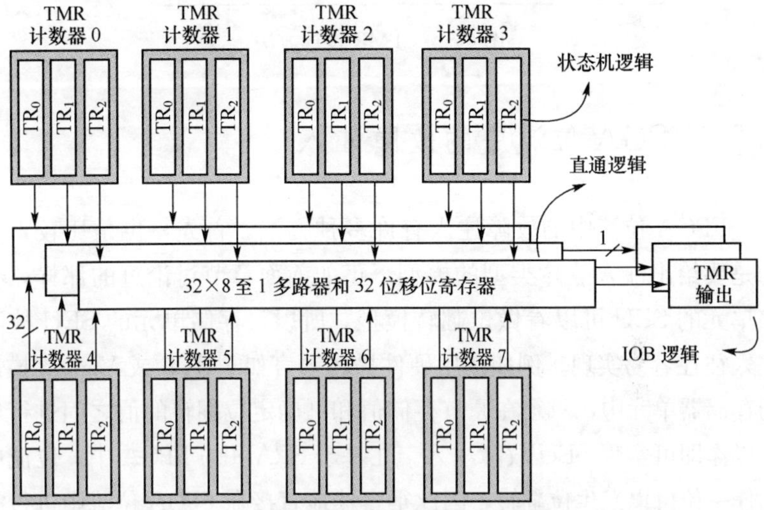

图 6－3　32 位流水线计数器的 TMR 设计

为了检测 32 位计数器中任意一个错误，每一个冗余逻辑组中的 32 位计数器均进行相互比较。每一组中均有一个比较器。比较器 0，比较器 1 和比较器 2 分别报告冗余部分 0，冗余部分 1 和冗余部分 2 中的故障。

3 个冗余逻辑组最后在位于输出逻辑块的多数表决器中进行比较。如果有两个或两个以上的冗余部分存在错误，则多数表决器就输出一个错误标志，这种方法的原理如图 6－4 所示。

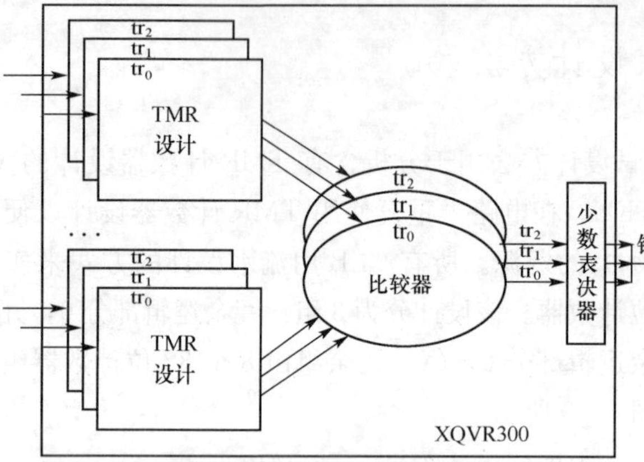

图 6－4　TMR 设计方法

6.2　FPGA 位流中的故障注入

FPGA 位流中的故障注入有许多种方法。首先，也是比较重要的是要给出注入故障类型的模型。正如前面章节讨论过的那样，存储单元的 SEU 可以看做位翻转模型。所以，存储单元的 SEU 故障注入往往容易实现。例如在用硬件描述语言如 VHDL 或 Verilog 描述的存储器单元中，只须在原有存储值和已确定位翻转的值之间进行异或操作即可实现 SEU 故障注入。在基于 SRAM 的 FPGA 中，位流中的任一位可以发生位翻转，因此很自然地直接在 FPGA 位流中进行故障注入，而不会涉及硬件描述语言中的信号设计和拓扑结构。

JBits SDK（软件开发工具）（Guccione et al.，1999）是一个 Java 类的集合，它为 Xilinx Virtex FPGA 系列位流提供应用程序接口（API）。这种接口既可以对由 Xilinx 设计工具产生的位流进行操作，又可以对实际硬件读回的位流进行操作。它使在 Virtex® 器件中进行设计、修改和动态修改电路成为可能。JBits 使用的可编程模型是两维的 CLB 阵列。

JBits API 使用户能直接配置 CLB。这可以通过开发

com. xilinx. JBits. Virtex. Bits 中的类来实现，这些类包括了存取 CLB 资源的所有类。通过使用 JBits 类，可以在位流中进行选择性的故障注入，同时还可以降低故障注入的时间（Kinzel，et al.，2005）。图 6－5给出了使用 JBits 进行故障注入和分析的流程。

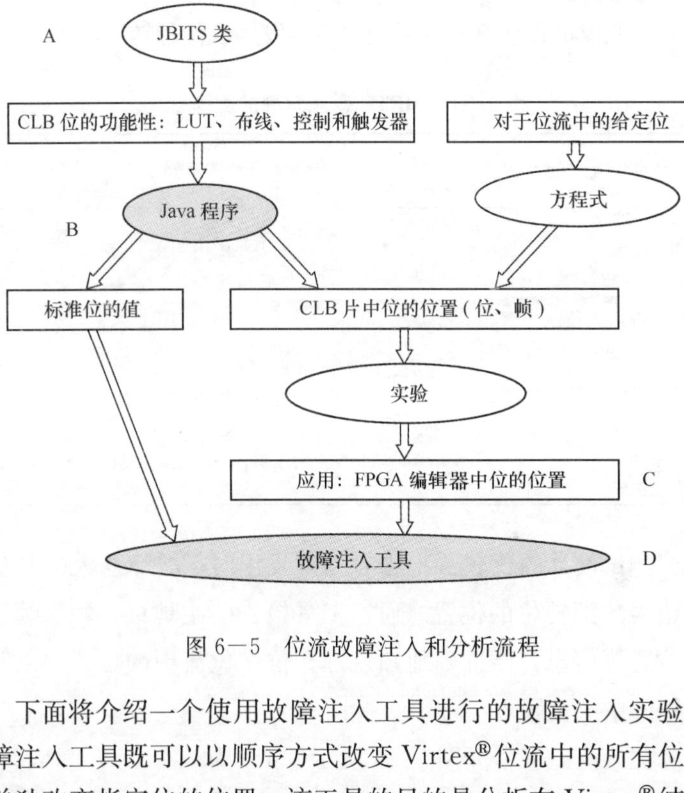

图 6－5　位流故障注入和分析流程

下面将介绍一个使用故障注入工具进行的故障注入实验。这种故障注入工具既可以以顺序方式改变 Virtex®位流中的所有位，又可以单独改变指定位的位置。该工具的目的是分析在 Virtex®结构中应用 TMR 设计时单位翻转的效应。所有可能在 TMR 设计中引起一个错误的单位翻转都被列入了研究范围。在本书中，这种工具称为 Virtex®故障注入工具。

原则上讲，如果一个单位翻转错误仅影响了设计中的一个冗余部件，那么位流中的单位翻转应该不会给 TMR 设计带来故障。因为根据 TMR 的定义，如果一个冗余部件发生翻转错误，多数表决器将屏蔽该冗余部件的错误，而从其他两个未受影响的冗余部件输出正确结果。

Virtex®故障注入工具能够在始于用户顺序指定主地址和帧的位流中形成单位翻转，也能够将用户指定的主地址、帧、帧字节和专门位中的一个特定位翻转。故障注入分 3 步进行，如表 6—3 所示。分 3 步操作的方法能保证在任意短的时间内不会发生双位翻转。

表 6—3　VIRTEX®配置列的类型

故障注入步骤	位流示例
读取位流	… 0110010101010 …
破坏 1 位，并载入位流	… 1110010101010 …
纠正以前的位，并载入位流	… 0110010101010 …
复位触发器	… 0110010101010 …

每当测试设计的比较器报告有错误发生时，故障注入工具显示出产生错误的翻转位的位置。通过工具报告的主地址、帧、帧字节和位的位置等信息，能准确地知道翻转位在位流中的位置，以及在 FPGA 矩阵中的位置。

故障注入测试平台如图 6—6 所示，由 2 块 AFX V300PQ240—100 子板、1 根用于与 PC 主机连接的 MultiLINX 电缆以及 1 块控制面板组成。该系统既可以独立运行，亦可与 PC 主机和测试软件联合运行。控制面板直接与控制芯片相连，用以指定操作模式。DUT 的配置既可以通过控制芯片控制，亦可以通过 MultiLINX 电缆由测试软件控制。控制芯片还控制着被测器件 DUT 的动态操作和动态错误检测。

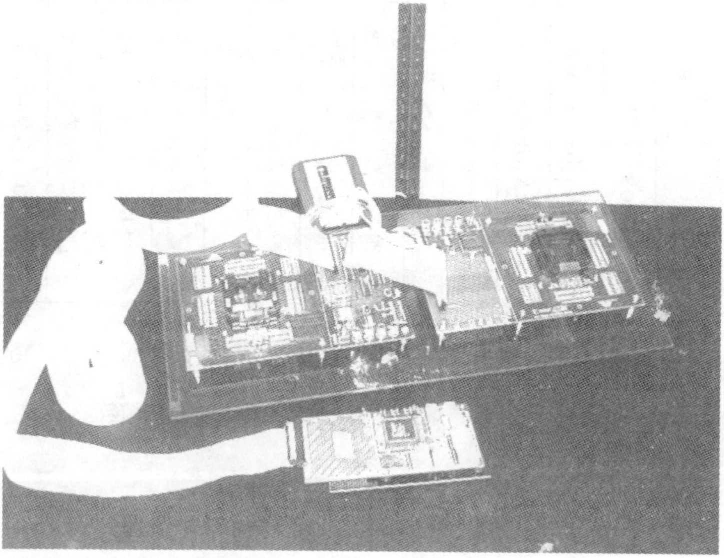

图6—6　SEU测试平台

6.3　设计布局中翻转的定位

在CLB帧的位流中，每一个特定的位都有由主地址、帧、帧字节和位位置定义的唯一寻址地址。为了知道该位在FPGA矩阵中的位置和在用户设计中的作用，要采取下列步骤。

6.3.1　矩阵中位列的位置

CLB地址空间从中心列的“0”开始，在它的左右两边分别交替出现的是CLB列，之后是IOB列，以及BRAM互连列，如图6—7所示。从图中可知，如果主地址为23，则意味着CLB列为24。更多的信息可以从应用手册（Xilinx，2000c）中得到。

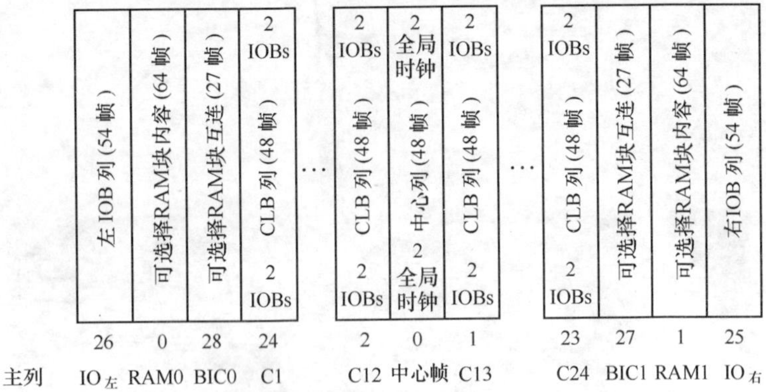

图 6—7　Virtex® 系列中主地址的结构及各自的帧数

6.3.2　矩阵中位行的位置

每一个位列从 I/O 模块顶部开始，通过所有 CLB 块，在 I/O 模块底部结束。每一行有 18 个字节，其中包括 I/O 模块。式（6—1）是行位置的计算公式。

$$行位置 = (帧字节数 \times 8 + 位数)/18 \qquad (6-1)$$

用帧、帧字节和位的数据可以得到 CLB 片位的精确位置，计算方法如式（6—2）所示。

$$CLB\ 片位 = 17 - [帧字节数 \times 8 - Floor(帧字节数 \times 8 + 位数)/18) + 位数] \qquad (6-2)$$①

6.3.3　CLB 中位的位置

使用 JBits 类集可以识别 FPGA IC 原理图中 CLB 片的每一位，同样使用 ISE Xilinx 工具可以识别设计布局图中的每一位。这样，可以建立一个从来自于故障注入工具的翻转位信息（主地址、帧、

① 原文方程为 CLB 片位 = 17 -［帧字节数 × 8 - Floor((帧字节数 × 8 + 位数)/18), 18 + 位数］，似有误。—— 译者注

帧字节和位）到最终设计布局图中位的位置的设计流程。

6.3.4　位分类

CLB 映射根据 CLB 中帧的数目和位的位置进行位分类（LUT，触发器和定制区或布线）。这种映射给出了一般的视图。为了能够找到 CLB 结构中某位的特定位置，要采用包含所有位名字的表格。表 6－4 表示的是仅包含了帧地址为 0 的 CLB 映射表的一部分。

表 6－4　CLB 中位的分类

帧	位	功能
0	0	十六路选择器
0	1	十六路选择器
0	2	单长度
0	3	单长度
0	4	单长度
0	5	单长度
0	6	单长度
0	7	单长度
0	8	单长度
0	9	输入多路选择器
0	10	输入多路选择器
0	11	输入多路选择器
0	12	输入多路选择器

续表

帧	位	功能
0	13	片
0	14	片
0	15	片
0	16	片
0	17	输出多路选择器

每一帧和位的位置与 CLB 的功能位置相关，它们的关联可以从 JBits 得知。例如，布线位置信号 Singles. Iw22o7 表示单长度（single）线西 22 和单长度线出 7 之间的连接。

为了获得每一个名字和每一个结构之间的相关性，对 Virtex® JBits 进行了更深入的研究。但直到现在，仍旧不能使 FPGA 结构中的每一位与用户设计中的信息一一对应起来。在用户设计中必须使用 XDL 软件包（Xilinx，2001b）来了解所有连接和示例。XDL 是一种功能全面的设计语言，为 Xilinx 所属的本地电路描述（NCD）提供直接的读写操作，如图 6－8 所示。XDL 有 3 种基本模式：报告器件源信息，将 NCD 转换到 XDL（ncd2xdl），将 XDL 转换到 NCD（xdl2ncd）。

通过 Virtex® 的结构信息和本节给出的方程式，能获得位流中可编程位与用 ISE 软件设计布局中的位置之间的关系。图 6－9（a）表示了在设计布局中单长度和六长度的布线区段，以及与之对应的 FPGA 原理图中的区段。图 6－9（b）表示了在设计布局中 CLB 片信号和输入多路开关的连接，以及在 CLB FPGA 原理图中对应的名字。图 6－9（c）表示了在设计布局中输出多路开关的信号，以及在

命令示例：　xdl -ncd2xdl design.ncd design.xdl

```
inst "counter6/I$2/pipe0/N$3(3)" "SLICE",  placed R31C7
CLB_R31C7.S1,
 cfg "CKINV::1 DYMUX::1 DXMUX::1
   F:counter6/I$2/pipe0/stage2/pipe3/I$8:#LUT:D=(~A2*A3)
   G:counter6/I$2/pipe0/stage2/pipe2/I$8:#LUT:D=(~A2*A3)
   CEMUX::CE_B SRMUX::SR_B GYMUX::G FXMUX::F
SYNC_ATTR::SYNC
   SRFFMUX::0 INITY::LOW
   FFX:counter6/I$2/pipe0/stage2/pipe3/I$3:#FF
   FFY:counter6/I$2/pipe0/stage2/pipe2/I$3:#FF
INITX::LOW

_PINMAP:24:0,1,2,3,4,5,8,6,7,9,10,11,14,12,13,15,16,17,
18,19,20,21,22,23";


net "count_data_tr2_0(1)",
 outpin "count_data_tr2_0(0)" YQ,
 inpin "mux2/L1.L1.1_mux/G_22_73" G4,
 pip R32C46 S0_YQ -> OUT0,
 pip R32C46 OUT0 -> N0,
 pip R31C46 S0 == E22,
 pip R31C47 W22 -> W_P22,
 pip R31C47 W_P22 -> S1_G_B4,
 # net "count_data_tr2_0(1)" loads=1 drivers=1 pips=5
rtpips=0;

net "L0.L0.3_C/Pipe2/pipeline_5(0)",
 outpin "L0.L0.3_C/Pipe2/pipeline_5(1)" YQ,
 inpin "count_data_tr2_3(0)" F2,
 pip R16C46 S1_YQ -> OUT5,
 pip R16C46 OUT5 -> E15,
 pip R16C46 E15 -> E_P15,
 pip R16C46 E_P15 -> S0_F_B2,
 # net "L0.L0.3_C/Pipe2/pipeline_5(0)" loads=1 drivers=1
pips=4 rtpips=0;
```

图 6—8　设计中连接文件（.ncd）的示例

CLB 原理图中与之相对应的名字。这些图可以帮助人们建立起设计中的信号和 FPGA 原理图中的信号之间的相关性，包括它们的位置和布局。

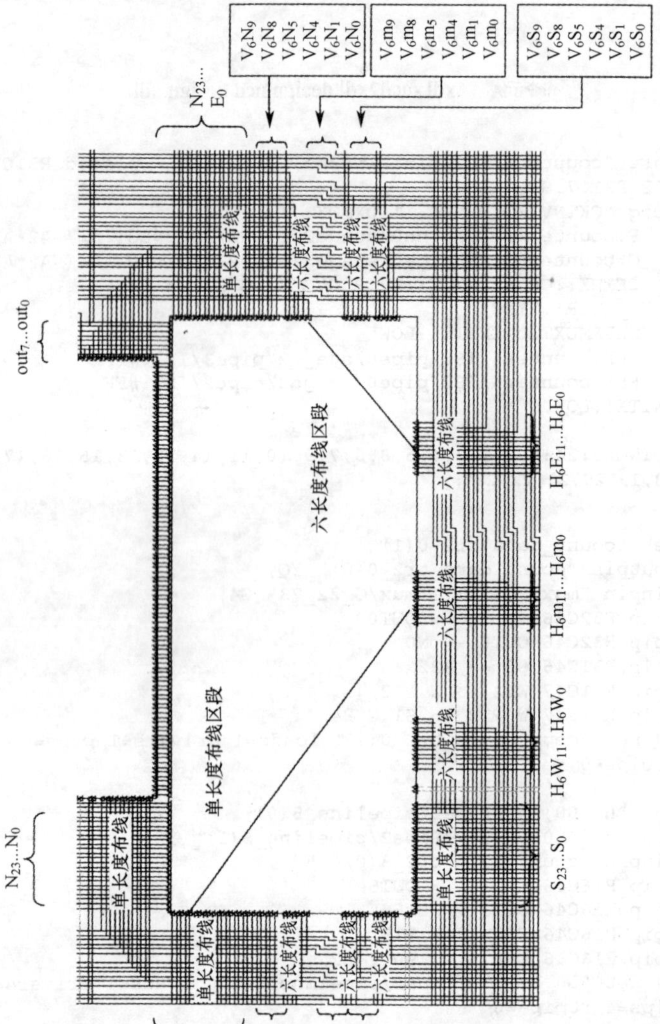

(a) 单长度和六长度的布线

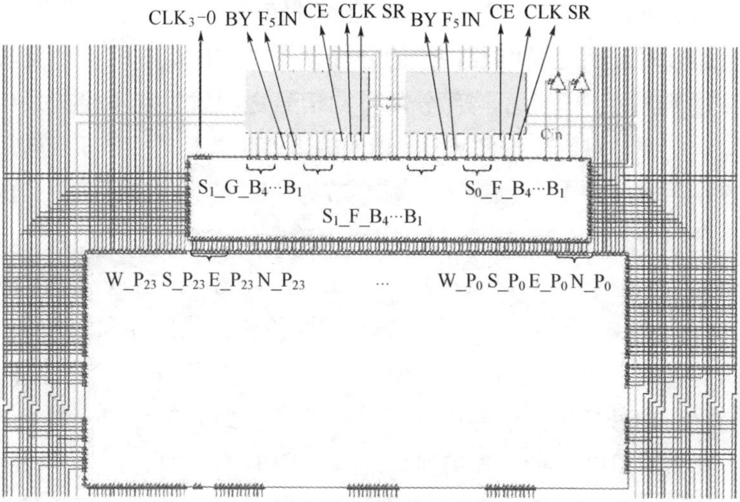

(b) CLB 的片和输入多路器

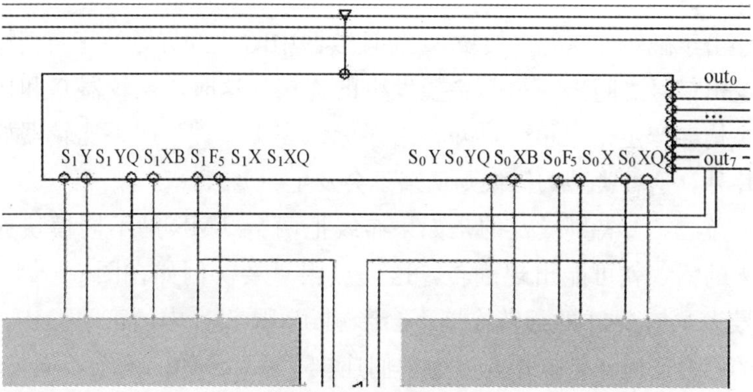

(c) 输出多路器

图 6−9　Xilinx 的 ISE 布局工具中的 CLB 片的表示方法

6.4　故障注入结果

故障注入实验在 TMR 测试设计电路上进行，运行频率为10～20 MHz。实验结果表明，在 TMR 设计应用执行过程中，XQVR300

位流的 1 663 200 位中发生了 224 位的翻转。

通过对设计布局中翻转位的分析，发现 GRM 中的单个翻转可以导致 FPGA 中两个不同部分的不同信号之间发生并不希望发生的连接。例如，可能导致 TMR 设计的输出产生故障的 GRM 翻转位的位置在主地址为 10，帧为 35，帧字节为 46，位为位流的第 5 位的位置，利用方程 6－1 和方程 6－2① 可以确定，在布局中的翻转位位于 CLB 行 20，列 20（R20C20），且 CLB 位片为 4。在 IC 原理图中，翻转位为 I _ c _ singles. Iw6hel. I337，即单长度线西 6 和六长度线 1 之间的连接，如图 6－10（a）所示。显然，这种翻转不会产生错误，因为它的信号是从冗余部件 0 的比较器连接到无信号端。但是，六长度线将 CLB R20C20 连接到其他两个 CLB 上，如图 6－10（b）圆圈所示。分析 CLB R20C23，我们注意到存在一个连接这根六长度线的信号。这个信号来自冗余部件 2 的计数器中的一个，如图 6－10（c）所示。

由于翻转，在冗余模块 32 位计数器中的一位与另一冗余模块比较逻辑信号之间出现了不希望发生的连接。这时，比较器 0 和比较器 2 均会产生错误报告，并将错误标识变为“1”。如果比较器放置在片外，这种类型的错误则从来不会发生。

总之，要特别提及的是如果布线把两个 TMR 的不同模块连接起来的话，就可能出现翻转，这一点很重要。例如在图 6－11 中，标号为 b，g 和 f 的翻转连接不会影响 TMR 设计中的正常操作。其他的则会影响正常操作，因为它们连接了 TMR 中的两个不同模块。是否影响 TMR 设计的正常操作与布线密度和逻辑位置有关。如果每一个 TMR 冗余模块都经过精心的布局，则能降低这种由布局引起翻转的可能性。表 6－5 总结了采用无限制区域布局的 TMR 设计中每一个 FPGA 模块中错误的影响效果。

---

① 原文为方程 3－1 和方程 3－2，有误。——译者注

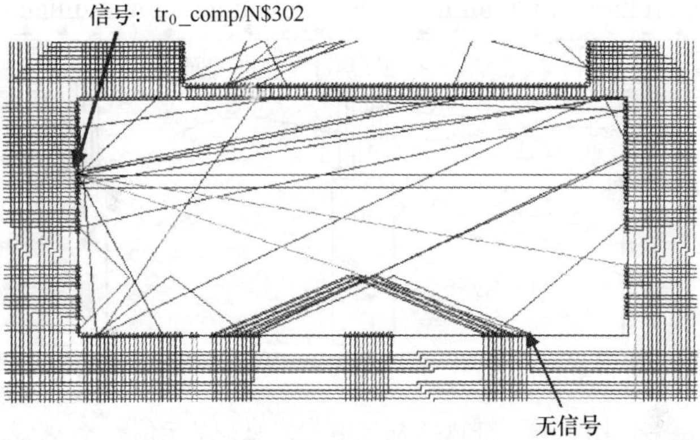

(a) CLB $R_{20}C_{20}$ 中的翻转

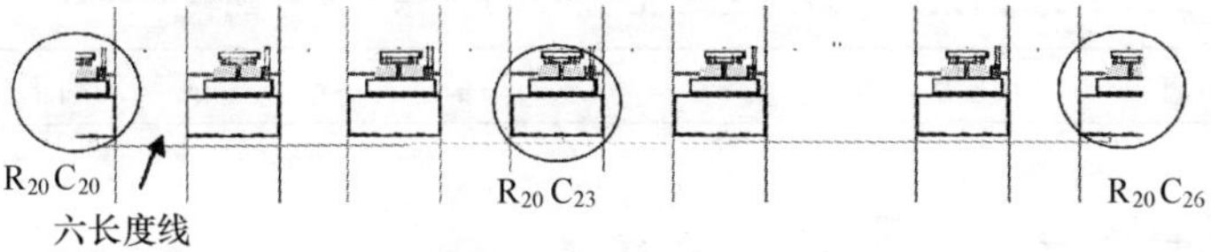

(b) 由六长度线连接的 CLB

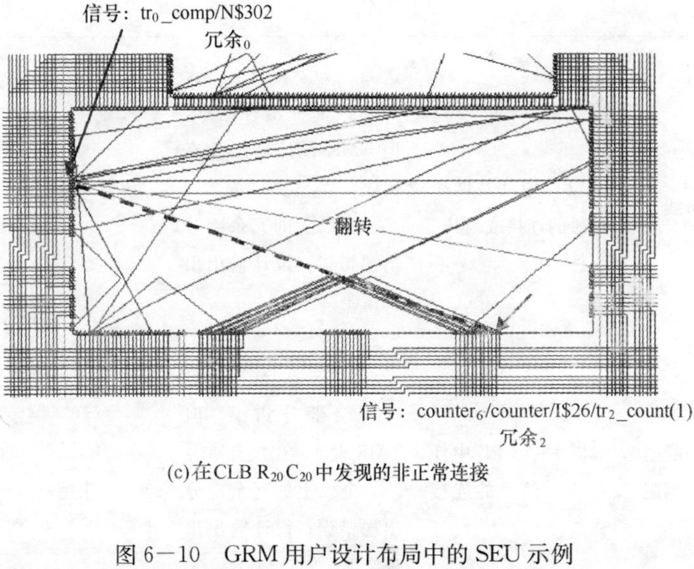

(c)在CLB $R_{20}C_{20}$ 中发现的非正常连接

图 6－10　GRM 用户设计布局中的 SEU 示例

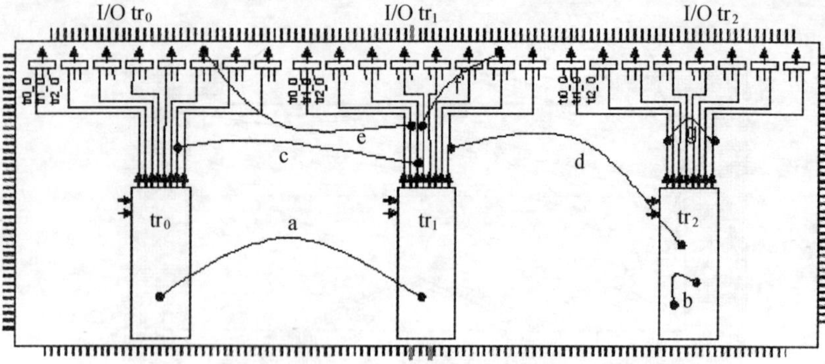

图 6—11 FPGA 布线中 SEU 效应的示例

表 6—5 对采用无限制区域布局的三模冗余方法中翻转的分析

翻转位置	相应的动作	导致的结果	翻转的纠正
LUT	组合逻辑中的改变	冗余部分出现错误，但 TMR 设计输出没有错误	采用刷新
布线	设计中任意两个信号的连接或断开	冗余部分出现错误，但 TMR 设计输出没有错误 一个以上的冗余部分出现错误，设计输出出现错误	采用刷新
一般用户定制逻辑	同一个 CLB 中任意两个信号的连接或断开	冗余部分错误，但 TMR 设计输出没有错误 一个以上的冗余部分出现错误，设计输出出现错误	采用刷新

续表

翻转位置	相应的动作	导致的结果	翻转的纠正
触发器	时序逻辑的改变	冗余部分出现错误，但 TMR 设计输出没有错误	采用用户纠正技术（VHDL）

6.5　“金”片（“Golden” Chip）方法

为了避免在测试设计与比较器的测试电路之间由翻转引起非正常的连接，Virtex®组件采取了基于“金”片的新的 TMR 设计方法，这种方法利用 DUT 输出信号与片外的“金”片电路进行比较，如图 6－12所示。这时，即使 DUT 布线矩阵中的单位翻转引起了不同冗余部件之间的非正常连接，TMR 也总能表决出正确信号提供给存储单元和输出。如果在两个不同冗余逻辑部件中翻转的是相同的位，那么定制逻辑中的位翻转仅能产生一个错误，显然，发生这种情况的概率是非常低的。此外，这种错误通过对设计布置的结构化布局

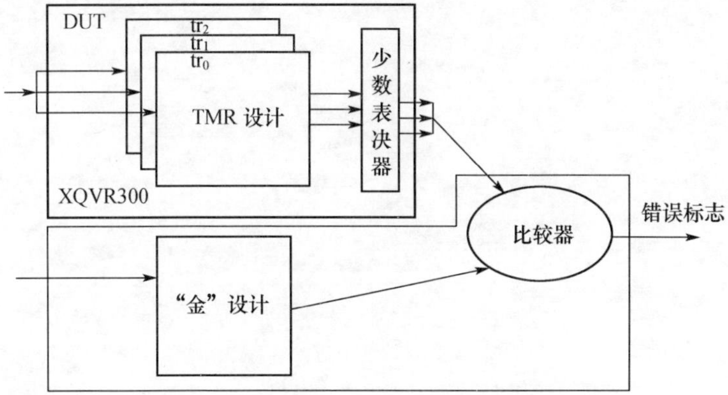

图 6－12　“金”片方法

是完全可以避免的。

在以 25 MHz 运行的 TMR 设计中，进行了采用“金”片方法的故障注入实验。实验过程中所有位流中的位没有错误的报告。在 UC Davis 质子设备上进行的辐射实验结果表明，Virtex® FPGA 的可靠性与故障注入实验的相同（Lima et al.，2001b；Carmichael，Fuller，Fabula，Lima，2001）。然而，这只是一项简单的设计。在更复杂的设计情况下针对 TMR 有效性的分析实验将在下一章讨论。

第7章 TMR微控制器的设计和测试

可编程逻辑平台上实现的微控制器具有越来越多的优势，它形成的SOC，具有性能高，灵活性好，上市时间短的特点。当基于SRAM的FPGA实现微控制器时，不但寄存器和存储器对SEU敏感，而且FPGA结构定义的所有可编程逻辑单元如查找表、布线开关、触发器和存储器等也对SEU敏感。上一章的实验表明，TMR可以对基于SRAM的FPGA设计进行SEU防护，基于这个理由，TMR同样可以应用于微控制器结构中。此外，通过对微控制器核心描述的护防并在Virtex® Qpro FPGA上实现，航天领域的应用可以采用COTS微控制器结构，以减少上市的时间。

按照这种思路，由巴西南大河洲联邦大学开发，参考文献（Carro，Pereira，Suzim，1996；Silva，Lima，Carro，Reis，1997）提到的微控制器VHDL描述语言被再次用在Virtex® VQVR300 FPGA中，以实现SEU加固的微控制器，它采用了参考文献（Carmichael，2001）提出的TMR技术。类8051的VHDL描述分为6个主要块，如图7－1所示。有限状态机（FSM）块采用一个计数器，产生引导指令执行的24个时钟周期。控制单元为数据通路上的寄存器和算术运算单元产生的所有使能信号。指令单元为每一条指令产生微码字。数据通路包括ALU和多个寄存器。还有两个256字节的内部存储器，一个用于存储数据，另一个用于存储应用程序。

8051微控制器以10 MHz的频率运行两个6×6矩阵乘法程序，该乘法采取移位寄存器和加法的方式实现。这种形式使已有的存储器和内部寄存器得到充分使用，因为操作数要来回读写多次，操作

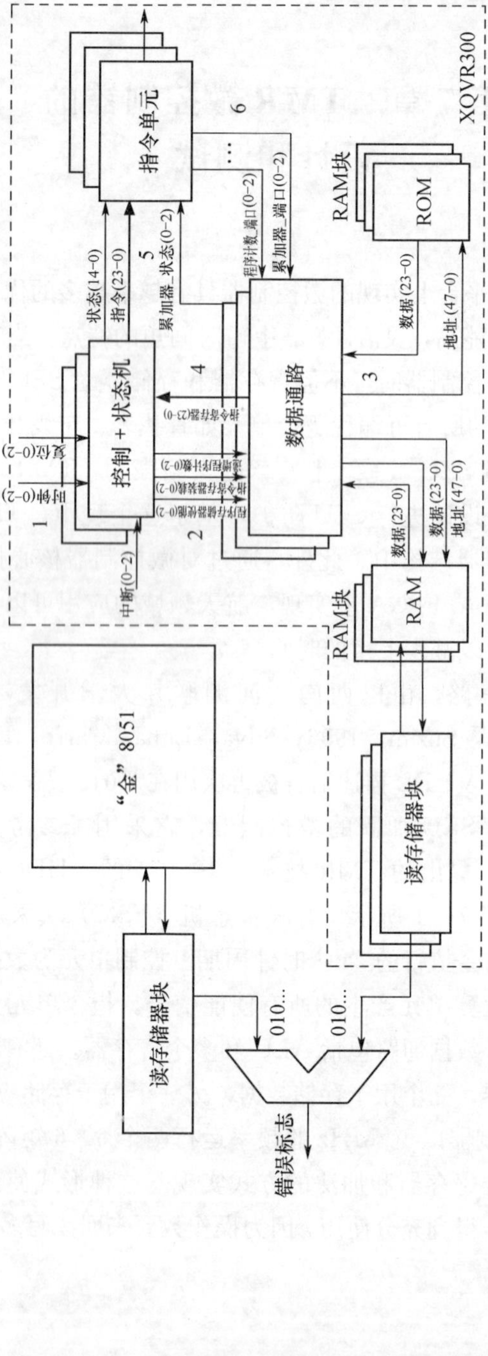

图 7-1　TMR 8051设计方法

数和结果均存入内部存储器中。

为了能够分析位翻转之后的 8051 结果，设计了额外的逻辑电路。这块电路能够读取所有存储器的数据，并能把数据以串行的方式送到输出端。这些输出数据与另一块 FPGA 中的“金”片进行比较，如果数据不一致，则比较器电路将错误标志发送到故障注入工具。所有这些可能在 TMR 设计中引起错误的位均保留在一个文件中。

为了使这种 VHDL 描述抗 SEU，每一个逻辑块均采用三重冗余的方式，表决器嵌在所有寄存器的回路中。数据通路、控制和指令逻辑块是主要的直通逻辑，它们也仅是三重冗余。这些块中的寄存器要不断进行写操作以避免锁定在错误的状态。用 VHDL 描述的 TMR 数据通路寄存器及其周围的逻辑电路的示例，如图 7—2 所示。每一个冗余模块的矢量信号由 3 个矢量串行（矢量 0，矢量 1 和矢量 2）形成的矢量信号表示。

```
L0: For K in 0 to 2 generate
process   (OP_ACU(K),   reg_alu_out(K),   data_rom(K),   reg_PC_low(K),
data_rd_ram(K))
begin
CASE OP_ACU(K) IS
WHEN "000" => reg_accu_mux(K) <= "00000000";
WHEN "001" => reg_accu_mux(K) <= reg_alu_out(K);
WHEN "010" => reg_accu_mux(K) <= data_rom(K);
WHEN "101" => reg_accu_mux(K) <= reg_PC_low(K);
WHEN others => reg_accu_mux(K) <= data_rd_ram(K);
END CASE; end process;

process (reset_micro(K), clock(K))
begin
if (reset_micro(K)='0') then
    reg_accu(K) <= "00000000";
elsif (clock(K)'event and clock(K)='1') THEN
   if (GCE(K)='1') then
   if (accu_port(K)='1') then
     reg_accu(K) <= reg_accu_mux(K);
   end if; end if;
end if; end process; end generate;
```

图 7—2　TMR VHDL 代码的示例

利用用户的地面输入和用户全局时钟能够避免所有的永久错误。状态机和计数器中的寄存器回路可以由冗余反馈通路中带多数表决器的 TMR 来防护。所有计数器都采用 LUT。内部存储器可以用图 3—8 所示的 TMR BRAM 组件替代。在数据存储器中，有一个电路用来监测更新时的写冲突，微控制器总是有写的优先权。程序存储器中不存在写冲突，因为从微控制器的角度来看它是只读存储器。

7.1 面积和性能结果

表 7—1 是类 8051 微控制器 TMR 设计逻辑开销的总结。TMR 设计中触发器的数量增加了 3.6 倍。结果之所以超过了 3 倍，是因为 BRAM 刷新逻辑中增加了额外的计数器。TMR 设计有 3 倍的 BRAM，每一个 BRAM 都有一个触发器的额外逻辑，以及用于表决器、计数器和逻辑分析的 LUT。TMR 设计中 LUT 的数量接近于标准设计的 3.6 倍，如此大的数量是因为表决器和刷新逻辑的需要。器件中 4 个全局时钟缓冲器中的 3 个用于系统时钟。

表 7—1　8051 中 TMR 的逻辑开销（XQVR300）

条目	标准 8051	采用 TMR 的 8051
FDCE	127	459
BRAM	16 个中的 2 个	16 个中的 6 个
TMR BRAM 附件逻辑	—	36 个 FDCE，87 个 LUT
输入	2	12
输出	1	3
BUFG	4 个中的 1 个	4 个中的 3 个
LUT	757（12%）	2 778（45%）

故障注入实验是在第 6 章图 6—5 所示的测试板上进行的，运行频率为 10 MHz。在 XQVR 300 位流所有 1 663 200 位中插入了位翻转。每一个故障在位流中保留足够的时间，以便微控制器的应用程序能运行若干个周期。应用程序同样是矩阵乘法。图 7—3 列出了在

相应存储器地址中矩阵 1，矩阵 2 以及结果矩阵的数值。故障注入结果表明，能导致 TMR 设计的输出产生错误的位翻转的比例小于 1%，代表了一个很小的截面。这个 1%的故障与布线有关，因为在 TMR 设计中布线影响两个或两个以上的区域。TMR 8051 微控制器的布局和布线如图 7—4 所示。可以看出布局占据了整个矩阵的大部分，且 TMR 区域集中排布。通过改变逻辑电路的布局能减少导致 TMR 设计产生故障的位的数量。这个问题将在本书的后面进行讨论，后面章节也将讨论通过增加更多的表决器来改善 TMR 效率的方法（Kastensmidt，et al.，2005）。

$$\begin{bmatrix} 1&2&3&4&5&6\\ 1&2&3&4&5&6\\ 1&2&3&4&5&6\\ 1&2&3&4&5&6\\ 1&2&3&4&5&6\\ 1&2&3&4&5&6 \end{bmatrix} \times \begin{bmatrix} 1&2&3&4&5&6\\ 1&2&3&4&5&6\\ 1&2&3&4&5&6\\ 1&2&3&4&5&6\\ 1&2&3&4&5&6\\ 1&2&3&4&5&6 \end{bmatrix} = \begin{bmatrix} 15&2A&3F&54&69&7E\\ 15&2A&3F&54&69&7E\\ 15&2A&3F&54&69&7E\\ 15&2A&3F&54&69&7E\\ 15&2A&3F&54&69&7E\\ 15&2A&3F&54&69&7E \end{bmatrix}$$

(a) 矩阵乘法

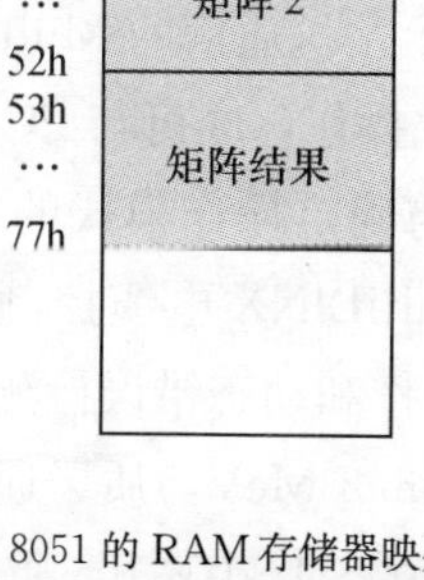

(b) 8051 的 RAM 存储器映射

图 7—3　用于测试 TMR 8051 微控制器的应用实例

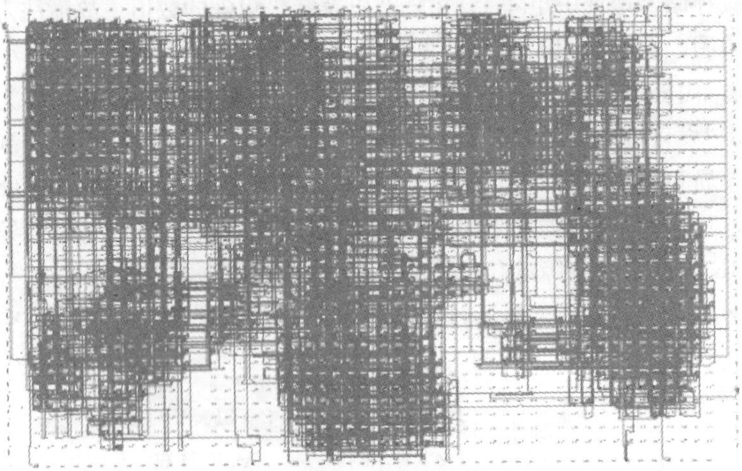

图 7—4 TMR 8051 微控制器布线的布局图

7.2 TMR 8051 微控制器辐射的地面测试结果

地面测试在位于美国加州大学戴维斯分校（UC Davis）的克拉克（Crocker）核物理实验室进行，主要测量射入 DUT 电路的质子的能量和通量，所有的测试均在室温下进行。有关测试的详细情况参见文献（Lima et al.，2001b）。测试平台由 2 块 AFX V300PQ240 - 100 子板、1 根用来与 PC 主机通信的 MultiLINX 电缆，以及控制面板组成。该系统可以独立操作，亦可与 PC 主机和测试软件连接在一起操作。控制面板直接与确定操作模式的控制芯片连接。控制芯片和测试软件均可通过 MultiLINX 电缆控制 DUT 的配置。控制芯片还可控制 DUT 的动态操作和动态错误检测。

质子束能量设置为 63.3 MeV，质子通量依据刷新速率高于错误率的原则可以在 $8.54\times10^{8}\sim1.70\times10^{9}$ 质子/（$cm^{2}\cdot s$）之间变化。TMR 8051 的设计在动态模式下进行了测试，并与非防护设计进行了比较。测试的器件是 XQVR300（0.22 μm，2.5 V），测试中累积的 TID 达到了 116 krad (Si)。

实验中，对 8051 TMR 设计和非 TMR 设计中影响翻转的因素进行了测量。第 1 个实验中，使用测试软件对位流进行回读操作，以便分析动态错误的性质。当检测到错误时，启动位流回读，这样在测得功能性错误总影响的同时可以获得位流错误的数量。第 2 个实验是进行带有刷新或者不带有刷新的 8051 TMR 的比较，不执行回读。设计中使用的触发器逻辑复位将表明功能性错误究竟是来自于配置/用户翻转，还是来自于结构翻转。在 PROM 连续刷新配置位的过程中，发生翻转的通量同样记录在测量数据中。

第二个实验测试了 3 种不同的方法，以说明带有刷新功能的 TMR 的优势，其结果如图 7－5 所示。每一次测试测量了失效的通量。测试共包括 4 种情况，即没有 TMR 且不带有刷新功能、有 TMR 且不带有刷新功能、没有 TMR 且带有刷新功能，以及有 TMR 且带有刷新功能。表 7－2 列出了在第 2 次实验中发生翻转时观察到的通量在 TMR 8051 截面的平均值。

图 7－5　带有和不带有刷新功能的 TMR
防护 8051 微控制器的辐射测试结果

表 7—2　Virtex® TMR 8051 的动态截面

翻转	击中	截面/cm^2
位	18	6.93×10^{-12}
持续的	2	1.91×10^{-10}
POR	0	
平均		2.54×10^{-11}

实验频率设置在 9 MHz，PROM 的刷新频率与此相同。DUT 内进行的 BRAM 更新频率为该频率的 1/8。运行 2 个 6×6 矩阵乘法并完成内部存储器的读过程需时 4 ms。刷新整个矩阵的时间为 22 ms。BRAM 需要 0.227 5 ms 更新所有的地址。

概括而言，一个刷新周期应用程序将运行 4 次，在每一个应用程序运行周期里，BRAM 将更新 17 次，如图 7—6 所示。应用程序的重新启动由读存储逻辑中的微控制器的复位来控制。一般来讲，BRAM 中的位和 CLB 触发器（用户逻辑翻转）具有最高的更新率。而 LUT、定制电路和布线位（配置翻转）的更新受刷新率控制。

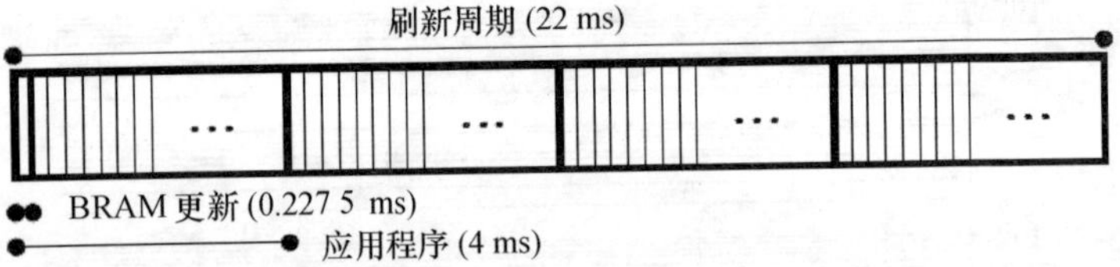

图 7—6　刷新和更新的次数

只有当积累的翻转数量足以破坏 TMR 的作用时，才有可能发生设计的功能性错误。例如，如果刷新周期中应用程序第 1 次运行时布线发生了翻转，则通过 TMR 中的 3 取 2 可以表决出正确的数值。然而，这种非正常的连接或断开可能会影响设计的不同部分，产生的翻转会存放在不同的冗余部分。所有这些翻转单元必须用初始值进行更新。如果更新速率不能避免翻转的积累，则在输出端将能观察到错误。重要的是要分析在结构内部翻转是如何传播的。在下一个应用程序周期，CLB 触发器将被复位，但 BRAM 从来不被复位，它总是由表决的值进行更新。如果 BRAM 的更新速率不能达到防止翻转积累的程度，则在输出端将观察到错误。

TMR 8051 的平均错误率是 17 位/翻转（6×10^{-2} 翻转/（位·秒）=190 翻转/（位·天）），平均刷新率是每秒 45 次。这就意味着每一次位刷新平均有 0.4 次翻转。这个速率不太令人满意，其原因一方面是通量并不总是恒定的（1 个刷新周期有 2 个或更多的翻转产生），另一方面这些翻转会通过结构的传播从而产生更多的翻转。在实际应用中，刷新率应至少比错误率高 2 个数量级以上。

为了改善上述结果，尝试了两种方法。第 1 种方法是使质子通量低 1 个量级或更多，以保证在每一个刷新周期中只发生 1 次翻转。在空间环境中，99%的时间段里实际通量比测试的通量低许多。然而，在非常低的通量的条件下，可能需要很长时间才能观察到错误。另一种方法是加快刷新的频率，但所使用的 PROM 的最高可靠工作频率只有 16 MHz。

采用两种设计对 Virtex® 系列中基于 SRAM 的 FPGA 的 TMR 技术进行了评估。第 1 种设计是 32 位计数器，第 2 种是 8051 微控制器。从这两种设计中观察到的结果表明，TMR 的可靠性与 FPGA 矩阵的设计布局密切相关。第 1 种设计的结果表明，在翻转存在的情况下未观察到错误。其主要的原因是因为计数器的设计是一个未使用嵌入式存储器（BRAM）的简单结构。于是，刷新的作用并不明显。此外，上述获得的所有结果都是建立在特殊布局方式的基础上的。如果布局方式发生了变化，则有可能结果也会相应地改变。

当对带有嵌入存储器的 8051 微控制器这种更为复杂的设计进行测试时，布线中的翻转引起应用系统产生错误的概率非常突出，这与它的复杂性和嵌入存储器的刷新问题有关。在 TMR 8051 微控制器中，应用了多种布局，每种布局的测试表明在应用中产生错误的翻转位结果是不同的。但是，不同之处主要在于产生错误的布线位的位置，而不是位的数量。产生错误的布线位一般占位流位的 1%左右。

根据上述分析的结果，基于 SRAM 的 FPGA 中的 TMR 技术能够显著地改善设计的可靠性，但仍然存在由布线翻转引起错误的可能性，虽然概率比较低。这种可能性的大小与逻辑的布局有关。如果要获得百分之百的可靠性，则可通过故障注入工具与专门的布局、布线和使用一定数量的表决器相结合来获得。

参考文献（Kastensmidt，et al.，2005）对 TMR 设计中使用的表决器数量进行了讨论。在 TMR 方法中，多数表决器的作用非常重要，因为它们可以在最后输出中屏蔽翻转带来的影响。这样，表决器可以放在组合逻辑和时序逻辑块的后端，作为防护翻转效应的屏障。问题是如何确定必须在电路中表决出的 TMR 逻辑的最优划分，以便表决器能够降低布线上的翻转引起两个不同冗余模块表决出错的概率。模块规模小的划分需要大量的多数表决器，因而增加了面积开销和性能代价。但同时，如果只在最后输出放置表决器则增大了布线上的翻转，进而增加了两个不同冗余部件之间不能通过 TMR 来屏蔽错误的概率。

如果冗余逻辑模块 tr_0，tr_1 和 tr_2（在图 7－7 中以带有表决器和更新电路的 TMR 命名）划分成带有表决器的更小的逻辑块，不同冗余模块之间的信号连接将由不同的表决器进行表决。要注意，翻转“b”可能不会在 TMR 输出中产生错误，这增加了 TMR 结构在不用考虑布局情况下抗布线翻转的能力。问题是如何评估逻辑尺寸的大小，以便能获得最佳的逻辑尺寸和最好的抗翻转能力。在设计的最后阶段，故障注入工具能为识别 TMR 表决器的最佳数量提供帮助。

尽管使用经过逻辑优化的更多的表决器可以改进 TMR 的可靠性，但是不可能完全避免布线上的翻转影响两个或多个 TMR 区域的机会。参考文献（Bernardi，et al.，2004）对此进行了研究，提出了以可靠性为主的布局和布线算法，称为 RoRA 算法，从而强化了板级设计的限制，保证一个 SEU 仅影响 TMR 中一个模块区域。

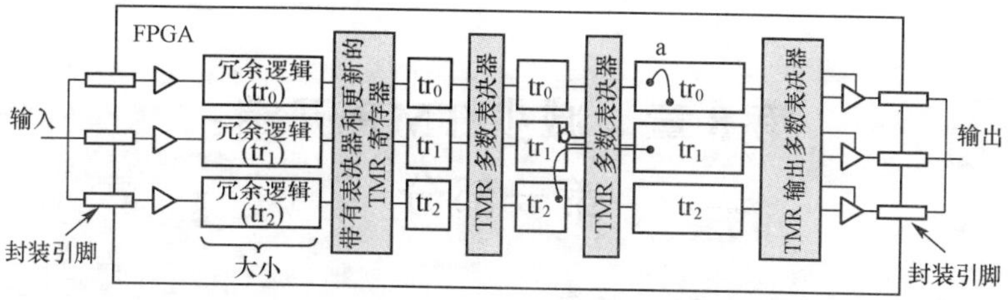

图 7—7　FPGA 中具有逻辑划分的 TMR 设计

一般而言，RoRA 算法从读取工艺版图的电路开始，进而在不同的集合中分解每一个逻辑功能（即在 TMR 中，有 3 个集合 S_0，S_1 和 S_2）。然后，按照两个容错规则执行布局和布线操作，以避免涉及到两个集合 S_i 和 S_j（这里 $i \neq j$）的多个错误产生。

容错规则 1：集合中的所有逻辑功能必须放置在不同的 CLB 中，且每一个 CLB 包含的逻辑功能仅属于一个集合。

容错规则 2：逻辑功能之间的互连必须以下述方式进行，即在给定的相应的布线结构中，无论是加入或删除每一个新的 PIP，都不能在两个不同的逻辑功能集之间产生短路，或在属于不同逻辑功能集的不同连接中产生开路。

研究结果表明，将 TMR，RoRA 和附加的表决器组合使用，可以保证多种电路具有高的可靠性（Kastensmidt，et al.，2005）。此外，为了改善基于 SRAM 的 FPGA 的 TMR 设计的可靠性，已经开始了布线备份的研究工作，尤其是多数表决器部分的布线备份的使用。布线备份的初步研究结果可见参考文献（Kinzel，et al.，2005）。

第 8 章　减少 TMR 开销：第一部分

TMR 技术非常适用于 FPGA，因为它提供了包括用户组合和时序逻辑、布线资源及 I/O 端口在内的全面的硬件冗余。然而，正是由于全面的硬件冗余，造成了芯片面积资源和 I/O 端口的限制以及大量的功耗开销。虽然通过使用第 4 章提到的存储器单元加固、EDAC 技术和标准的单表决器 TMR 等结构层的 SEU 减缓策略，可以减小这些开销和限制，但这些策略的代价非常高，因为它们需要修改 FPGA 的矩阵结构（NRE 开销）。使用 TMR 方法带来的限制，对有些应用不会产生影响，但有些却不行。TMR 方法主要的限制包括以下几点。

① 设计师可用的 I/O 端口数减少了 2/3，因为每个 TMR 冗余模块（tr_0，tr_1，tr_2）的任一输入和输出端都需要有其独立的输入和输出端口。可用来布线的专用时钟资源块数目也减少了 3 倍，因为每个 TMR 冗余模块（tr_0，tr_1，tr_2）的输入和输出应该有其各自独立的时钟。

② 设计中组合逻辑的尺寸增加了 3 倍，时序逻辑亦然，每个存储单元需要替换成 3 个存储单元，有 3 个表决器和多路选择器。

③ 内嵌的存储器也要三倍冗余，且需要采用额外的逻辑进行更新。

④ 表决器会插入时延。

⑤ 功耗增加了 3 倍，因为所有的输入/输出引脚以及组合逻辑和时序逻辑都增加了 3 倍。

这章将介绍一种新型的高级容错技术，这种技术结合了时间冗余和硬件冗余，对于解决基于 SRAM 的 FPGA 中的 SEU 问题具有某些特殊的能力。这种技术可以减少 I/O 端口的数量，相应地降低了接口的功耗。其主要思路是减少硬件的开销，因为在使用 TMR 设计时要保持同等的可靠性会比原始设计增加 2 倍的面积开销。

在 FPGA 中采用时间冗余和硬件冗余相结合的方法值得关注，因为这种方法减小了使用全硬件冗余（TMR）的成本并提高了可靠性（减少了敏感区域面积）。采用与时间冗余相结合的双备份比较（DWC）方法可以减少面积和引脚的数目，从而减小 I/O 端口的功耗，这也正是 TMR 方法的主要缺点。但是，使用这种方法需要解决两个问题。首先，前面讨论过的基于时间冗余的技术只能检测到翻转而不能检测到成为永久性故障的翻转，而这正是基于 SRAM 的 FPGA 使用上需要解决的一个问题。其次，在 FPGA 中，通常 DWC 只能检测翻转，而这是不够的，它应该还必须能够表决出正确的值以确保输出的正确。下面，我们会提出一种针对基于 SRAM 的 FPGA 时间冗余和硬件冗余相结合的技术，该技术考虑了上述问题，减少了引脚数量，降低了面积开销和功耗。

8.1　结合时间冗余的双备份比较

时间冗余本身只能检测到瞬时故障（Nicolaidis，1999；Anghel，Alexandrescu，Nicolaidis，2000）。双备份比较（DWC）的方法也是如此，它也只能检测故障。然而，把时间冗余和 DWC 相结合，不仅能检测到故障的发生，还能识别出翻转发生在哪一个冗余模块中。图 8－1提供了一个详细的解决方案。该方案具有 2 个冗余模块，dr_0 和 dr_1。这样，组合逻辑中的翻转能够在锁存之前就被检测到并被表决。

4 个辅助锁存器（dr_0，dr_0 _ d，dr_1 和 dr_1 _ d）分别存储了 4 个值，从每个冗余模块来的两个值在不同时刻锁存在不同锁存器上。其中，两个锁存器在时钟沿锁存输出 dr_0 和 dr_1，另两个锁存器在时钟沿加延时 d 时刻锁存输出 dr_0 和 dr_1。这样，方案中有 4 个比较器的输出：Tc_0 来自于冗余模块 0 的时间冗余比较器，Hc 是在时钟沿

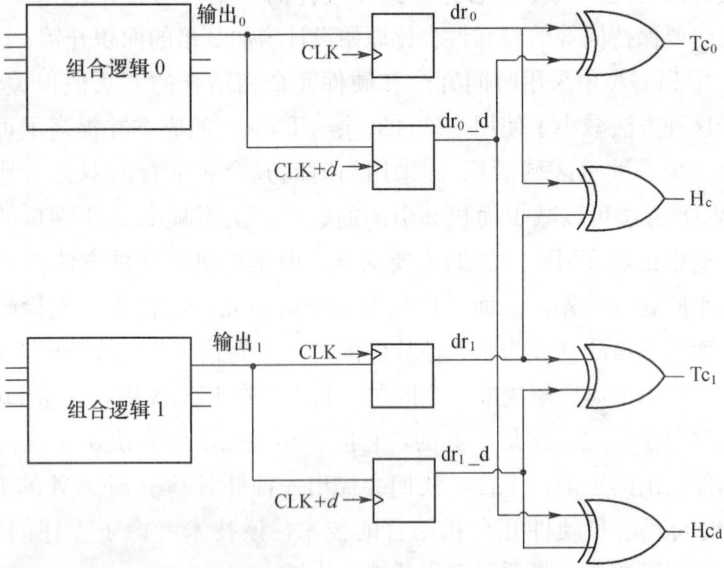

图 8—1　用于检测翻转的时间冗余和硬件冗余原理图

时刻的硬件冗余比较器，Tc_1 是来自于冗余模块 1 的时间冗余比较器，Hc_d 是在时钟沿＋d 时刻的硬件冗余比较器。通过分析 dr_0，dr_0 _ d,dr_1 和 dr_1 _ d 的 16 种可能的输出组合，可以识别 8 种不同的特征码，如表 8—1 所示。分析表中的这些特征码，可以发现 FPGA 中翻转的时间影响，依次是无故障，冗余块 0（dr_0）或冗余块 1（dr_1)的翻转影响，冗余块 0（dr_0）或冗余块 1（dr_1）的永久故障影响，冗余块 0（dr_0）或冗余块 1（dr_1）的翻转恢复影响和无故障。

表 8—1　双模冗余方法的特征分析

dr_0	dr_0 _ d	dr_1	dr_1 _ d	Tc_0	Hc	Tc_1	Hc_d	特征
0	0	0	0	0	0	0	0	无故障
0	0	0	1	0	0	1	1	dr_1 故障 （第 1 级，瞬时）

续表

dr_0	dr_0 _ d	dr_1	dr_1 _ d	Tc_0	Hc	Tc_1	Hc_d	特征
0	0	1	0	0	1	1	0	dr_1 故障恢复
0	0	1	1	0	1	0	1	dr_0 或 dr_1 故障（第 2 级，永久）
0	1	0	0	1	0	0	1	dr_0 故障（第 1 级，瞬时）
0	1	0	1	1	0	1	0	dr_0 或 dr_1 故障（第 1 级，瞬时）
0	1	1	0	1	1	1	1	dr_0 或 dr_1 故障 dr_0 或 dr_1 恢复
0	1	1	1	1	1	0	0	dr_0 故障恢复
1	0	0	0	1	1	0	0	dr_0 故障恢复
1	0	0	1	1	1	1	1	dr_0 或 dr_1 故障，dr_0 或 dr_1 恢复
1	0	1	0	1	0	1	0	dr_0 和 dr_1 故障（第 1 级，瞬时）
1	0	1	1	1	0	0	1	dr_0 故障，（第 1 级，瞬时）
1	1	0	0	0	1	0	1	dr_0 或 dr_1 故障（第 2 级，永久）
1	1	0	1	0	1	1	0	dr_1 故障恢复
1	1	1	0	0	0	1	1	dr_1 故障（第 1 级，瞬时）
1	1	1	1	0	0	0	0	无故障

冗余模块 0 的翻转，特征码是 1001，表现为输出（$Tc_0=1$）的瞬时变化，而输出 dr_1（$Tc_1=0$）无变化，同时 Hc=0，$Hc_d=1$。发生在 dr_1 的翻转表现相同，此时 $Tc_1=1$，$Tc_0=0$。有很多特征码仅在 FPGA 中出现，而在 ASIC 环境中一般不会见到。比如翻转造成的永久影响，特征码是 0101。通过特征的分析，不能断定哪个冗余模块的值是正确的，哪个是不正确的。表现为瞬时影响检测的前一特征码，必须表决出正确的通路。这一现象要求状态机必须表决出正确值。这种技术的前提是每个设计中的冗余模块 0 或冗余模块 1，在同一时刻只发生一个翻转。在应用了面积约束的手段后，可以避免在冗余模块 0 发生一个故障的同时，在冗余模块 1 也发生一个故障（特征码为 1010）。可以用识别出这种特征码作为一个标志，表示翻转已经使 DWC 方案失效了。

如图 8—2 所示，这种针对组合逻辑块的 DWC 时间冗余技术，将双备份比较和时间上的并发错误检测机制相结合来发现 FPGA 中组合逻辑电路的翻转。这样，采用时间冗余的 DWC 能够容忍翻转而不造成系统中断。先将组合逻辑进行双备份，再用一个表决器电路来检测翻转，并指出哪一个冗余模块应该连接到 CLB 的触发器上。组合逻辑中的翻转可以通过刷新进行纠正，而 CLB 触发器中的翻转是通过 TMR 方案进行纠正的。要特别注意，为了纠正翻转，刷新要连续进行，这是为了确保设计中的两次重配置之间只发生一次翻转。

当电路复位后，状态机从 0 状态开始，持续监视冗余模块 0，此时冗余模块 1 为备用。在这种情况下，发生在冗余模块 1 中的一个翻转不会影响系统运行，周期性的刷新会纠正它。如果冗余模块 0 发生了一个翻转，状态机会识别到该故障并切换到备用冗余模块 1。冗余模块 0 中的翻转会很快通过刷新得到纠正，而此时系统用冗余模块 1 工作。这时，状态机一直监视冗余模块 1，检测翻转，冗余模块 0 变为备用。冗余模块 0 中的翻转将通过刷新得到纠正。

这种方法所采用的故障检测技术只能发现瞬时故障，因此必须有一个观测周期来检测故障的发生以及产生故障的模块（dr_0 或

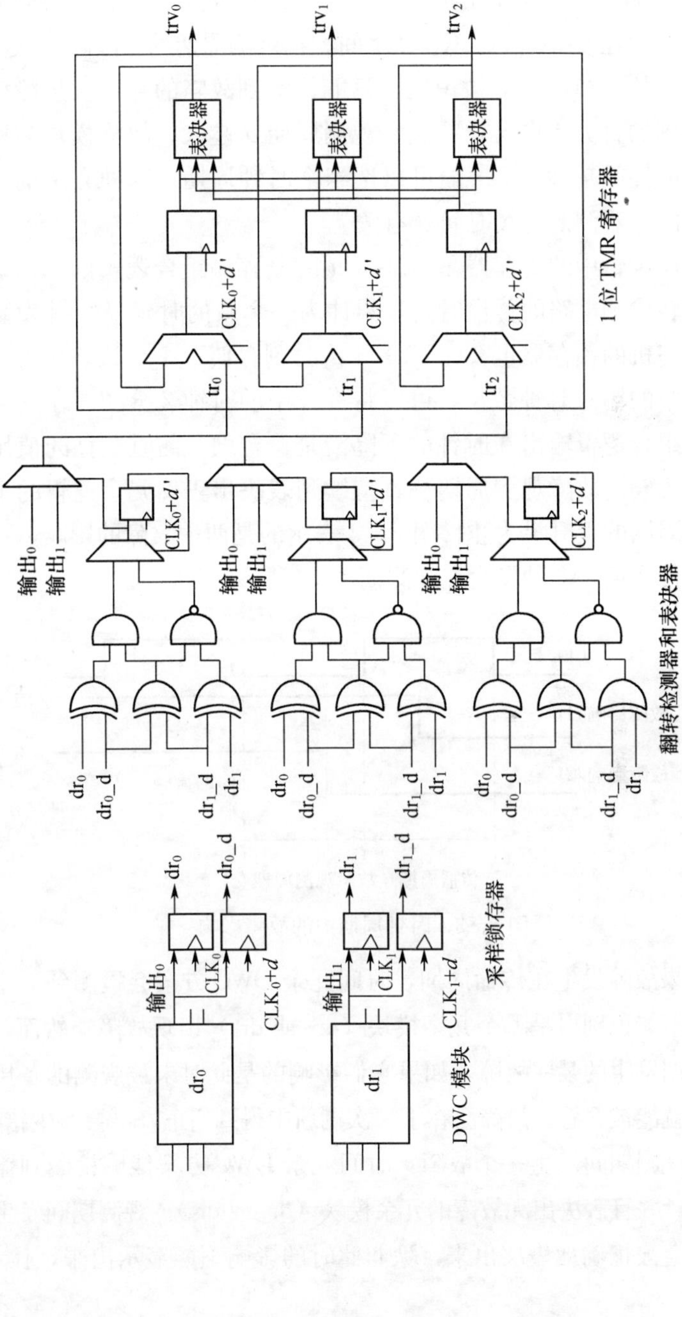

图 8-2　DWC 与时间冗余结合的一位输出的技术方案

dr_1）。观测故障发生的周期长度被称为时钟时延 d。因此，瞬时故障的观测发生在 CLK 和 CLK+d 之间。在观测周期外，故障被认为是永久的，故障模块不能被识别，只能检测到故障的存在。故障模块被检测到的百分比也与 d 有关。观测周期 d 越大，故障模块被检测到的可能性就越大。d 一般可以选半个时钟周期。这种方法的性能损失与故障观测的持续时间 d 有关。

时序逻辑中的寄存器在 CLK+d 时刻存储组合逻辑的输出，再加上翻转检测电路的传播时延，累计为一个新的时延 d'。并发翻转检测状态机的锁存器也会在 CLK+d'时刻存储下一个状态。为了简化设计中的输入时钟数量，可以将设计中的时钟 2 分频。在这种方法中，组合逻辑输出在时钟的下降沿是稳定的，此时锁存的值用于后面的比较。故障观测周期一直持续到表决出正确冗余逻辑的下一个时钟周期的上升沿为止。图 8－3 表示的是两种故障的影响，一种发生在传播期，一种发生在观测期。

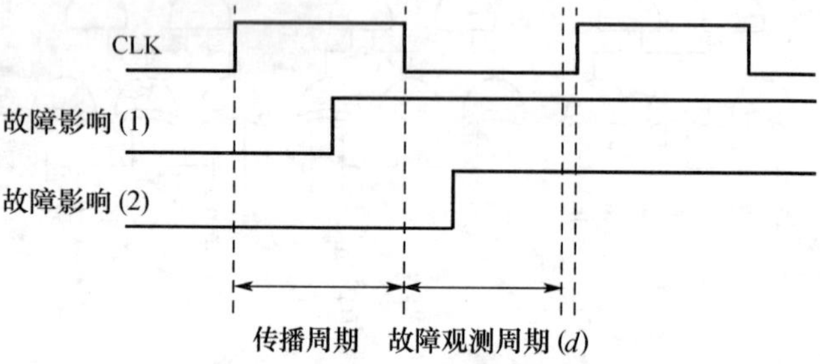

图 8－3　时钟周期中的故障影响

如果故障发生在传播周期，时间冗余 DWC 方案会检测到一个错误，但不能识别出是哪个冗余模块（dr_0 或 dr_1）出现故障。然而，在传播周期发生的某些故障，如果它们影响的是此时未被观测的备用冗余逻辑就能被容忍。故障会在下一次刷新中得到纠正，不会产生错误。如果在观测期间发生一个故障，时间冗余 DWC 方案能够检测到输出的变化，并且表决出无故障的冗余模块（dr_0 或 dr_1）。观测期间发生的故障总会被正确地表决出来，除非此时的影响不能显示出来，比如，在输入向量中逻辑值为 1 的节点发生常 1 的故障。

要使这种技术发挥最好的功能，要遵守一些约束，这些约束与 TMR 的相同，具体有以下几方面的约束。

① 在每个双模冗余（DMR）组合逻辑中，包括状态机检测和表决电路，必须只能发生一个翻转，因此采用一些指定的面积约束来减少冗余模块 0 和冗余模块 1（dr_0 和 dr_1）之间发生短路的可能性是非常重要的。

② 为避免在两个不同的冗余模块中积累翻转，刷新速率应该足够地快。

③ 检测和表决电路中的翻转不会阻碍系统的正确运行，因为逻辑已经三倍冗余了。另外，逻辑中锁存器的翻转并不危险，因为它们在每个时钟周期都会被更新。假定每个芯片在每次刷新之间都发生一次翻转，如果一个翻转改变了正确的表决结果，只要不是在所有的两个冗余模块中都有翻转就没有问题。

这种技术可以作为 TMR 技术外的另一种选择，用于设计 FPGA 可靠性的电路，并减少端口、降低功耗。由于只是对组合逻辑电路进行了双备份，因此输入和输出也只需双倍冗余而不像在 TMR 方法中需要三倍冗余。然而，值得注意的是，与在 CLB 触发器中的用户时序逻辑相关的 TMR 输入并没有变化，仍然需要 3 个输入时钟、复位和用户的 V_{DD}和 GND（Carmichael，2001）。

翻转检测和表决电路能从面积方面进行优化。在图 8－2 中，翻转检测和表决电路只表示了一位。然而，将此电路用于成组的数据位是可能的。这样，每组数据位的每个 TMR 冗余部分只有一个状态机是必需的，如图 8－4 所示。另一种可能的优化是采用一个单一的状态机仅表决 TMR 寄存器的冗余模块 2 的输入，如图 8－5 所示。这样，组合逻辑冗余模块（dr_0 和 dr_1）之一的一个故障表决到输入 tr_2，以确保正确的操作。翻转检测和表决模块的一个故障只会破坏 TMR（tr_2）的冗余模块 2，这样，tr_0 和 tr_1 仍然会表决出正确的值。该方案也展示了对时钟的优化，采样存储单元在时钟下降沿

(CLK_0，CLK_1）锁存，翻转检测模块的状态机在时钟上升沿（CLK_2）锁存。3 个时钟相同，都连接到 FPGA 芯片的外部。

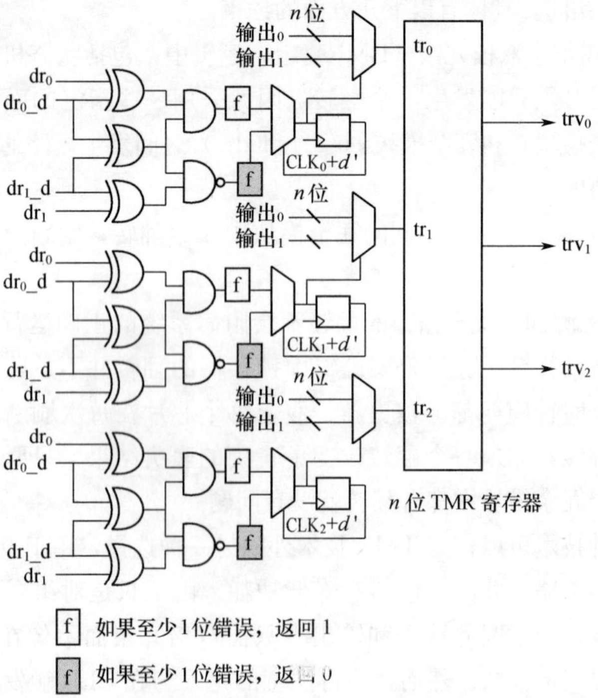

图 8－4　采用 n 位组进行面积优化的翻转检测和表决电路

综上所述，最终的时间冗余 DWC 方案包括以下几个方面的内容。

① 两个组合逻辑的冗余模块。

② 与每一个冗余模块的输出位数相关的一套采样锁存器，用于在时钟下降沿锁存数值。

③ 翻转检测模块，用于连续监视锁存值与处于观测周期的（时钟低电平）组合逻辑输出之间的不同。

④ 在下一个时钟上升沿之前，对纠正后的冗余部分进行表决，此时来自于寄存器的 TMR 冗余部分 2 存储了无故障的冗余逻辑（dr_0 或 dr_1）的数值。

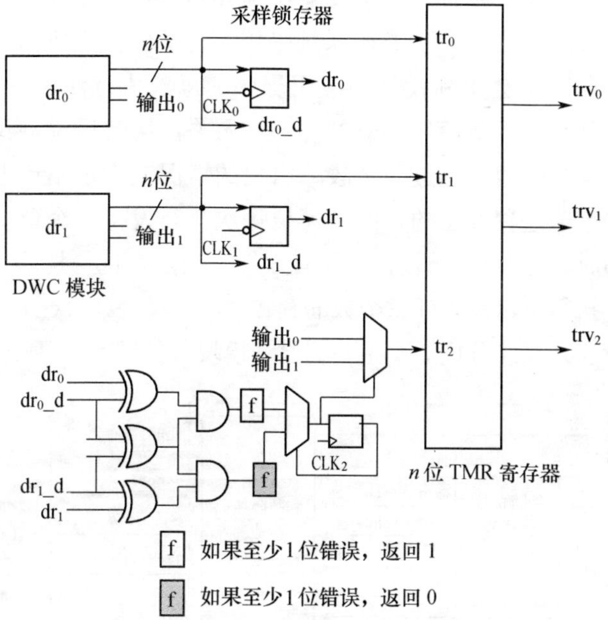

图 8—5　对 n 位组采用单一状态机进行面积优化的翻转检测和表决电路

8.2 VHDL 描述中的故障注入

通过故障注入的方法，在原型板上采用 VHDL 描述对时间冗余 DWC 方案进行了验证。此故障注入系统采用 VHDL 描述，是专门为测试此项技术而开发的（Delong，Johnson，Profeta，1996；Lima et al.，2001a）。测试结果在 AFX－PQ249－110 板上采用 XCV300 器件进行了模拟，并采用 Xilinx 应用工具将时间冗余 DWC 方案和 TMR 方法的面积进行了比较。我们采用乘法器作为组合逻辑电路的研究实例，采用典型 FIR 滤波器作为时序电路的研究实例。

采用在 VHDL 描述中进行故障注入并在 FPGA 平台进行全仿真的方法来说明和验证此技术。上述的故障注入系统仿真了高级语言描述的存储器相关部件（单触发器或锁存器，寄存器和存储器）和组合逻辑节点中的 SEU。整个系统采用实时故障注入机制，原型在执行操作期间不会中断设计的应用程序。每次执行注入一个故障。这一方法与平均无故障时间（MTBF）无关，换句话说，我们不用考虑每次执行时间里超过一个故障出现的情况或者说不用考虑故障发生的频率。这种方法的目的是模拟每次执行发生一个单一翻转的情况，同时验证 SEU 减缓技术的有效性。当然，这一技术完全可定制，每次执行可以注入任意个数的翻转。

故障注入系统分成 3 个主要的设计模块，如图 8—6 所示。

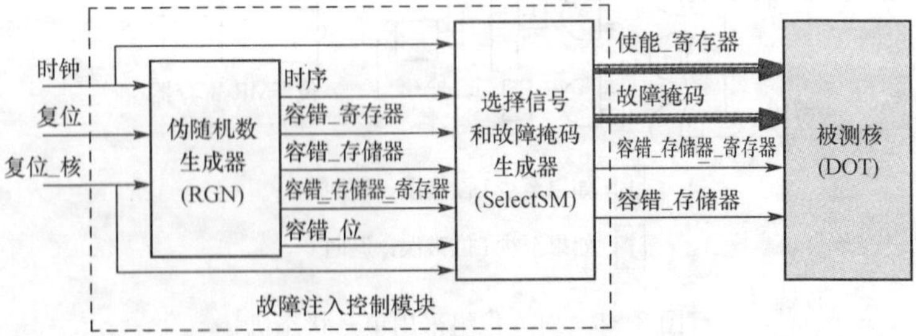

图 8—6 故障注入生成程序块图

① 故障注入控制模块：生成所有寄存器、存储器和组合逻辑节点的全部故障使能信号。它也能选择注入瞬时位翻转或常值（就 FPGA 来说）故障的时间和位置。

② 被测核（DUT core）：经改动的设计核。在设计中增加了故障注入路径，以便在所有 SEU 敏感部分和逻辑节点注入位翻转或常 1 故障。

③ 监视块[①]：负责监视 DUT 核的结果，以便分析每个注入故障的影响。

图 8—7 列出了一些在存储器、寄存器和组合逻辑节点中进行故障注入的方案。这种方法与基于软件的方法相比，主要优点在于故

---

① 图中无此模块，似有误。——译者注

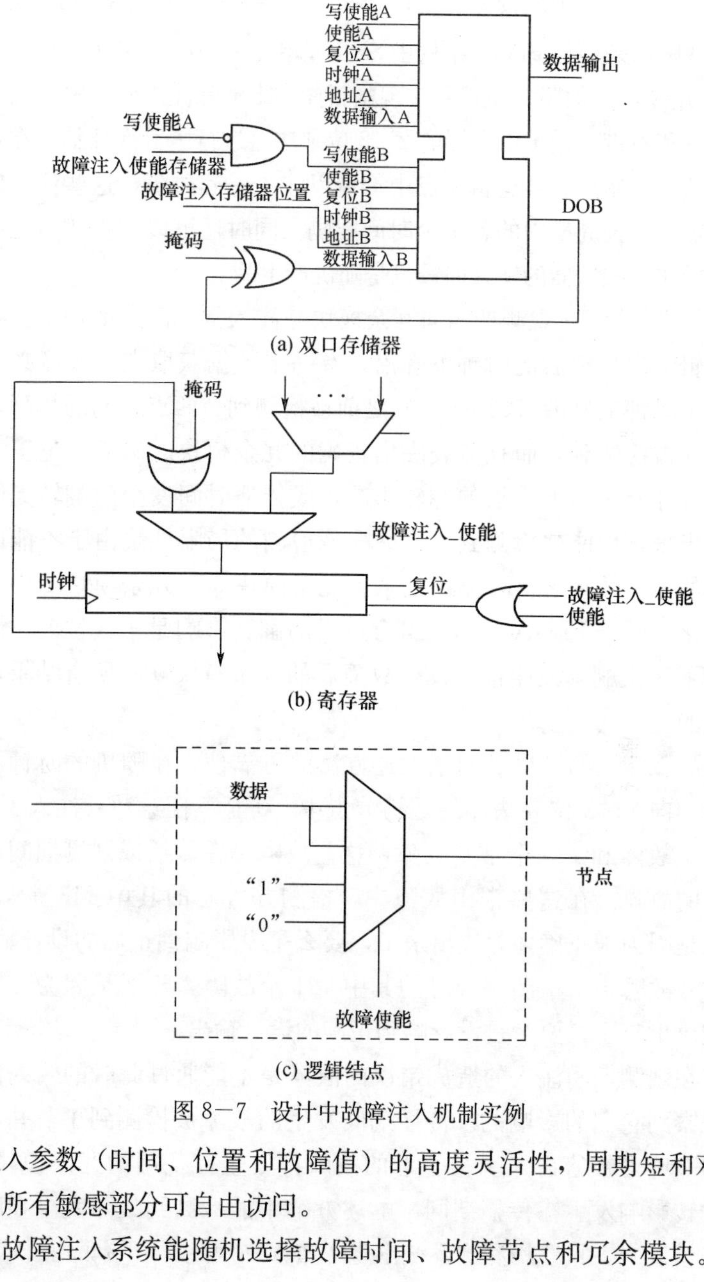

图 8－7　设计中故障注入机制实例

障注入参数（时间、位置和故障值）的高度灵活性，周期短和对设计中所有敏感部分可自由访问。

故障注入系统能随机选择故障时间、故障节点和冗余模块。为了测试组合逻辑中的这种双备份方法，在所有的节点中注入了常 1 和常 0 故障，来模拟 FPGA 结构中 SRAM 单元中的位翻转（SEU 永久影响）。用专门的故障复位信号实现刷新操作来清除注入的故障。分别选用带有和不带有输出寄存器的 2×2 位乘法器进行了首次评估。在选定电路的所有用户组合逻辑节点中都可以注入一套故障，这些注入的故障覆盖了时钟周期中的若干个时间间隔，同时还可以模拟故障之间的刷新操作。乘法器的输入向量也是随机产生的。

图 8—8 为在观测期间向冗余模块 0 注入常 1 故障的例子。在组合逻辑输出稳定后的时钟下降沿，有一个数据获取点。故障必须在下一个时钟上升沿（CLK+d）之前被检测到。两点之间的故障影响很容易被检测到，而且能表决出正确的冗余模块。然而，位于非常靠近寄存器时钟上升沿的翻转影响，或传播时间发生的翻转无法被表决出来，但能被检测到。这种故障检测的局限性是由于不能区分数据的不一致是来自故障还是来自冗余模块 0 和冗余模块 1 中输入的变化。由于 FPGA 中用户组合逻辑的翻转影响是永久性的，因此直到下一次刷新发生前，发生故障后的冗余模块 0 的所有结果都是错误的。

故障注入的结果表明了上述方法的可靠性。在随机的时钟周期时刻，向 2×2 位乘法器的随机节点中（0 至 7 任意数）注入了 128 个常 1 故障和 128 个常 0 故障，这些故障是在传播或观测期间可能发生的故障。在这些常 1 故障中，检测并容忍的其中 113 个故障，要么是因为被正确地表决出来了，要么是没影响到正确的设计输出。在常 0 故障中，检测并容忍的其中 121 个故障，要么是因为被正确地表决出来了，要么是没影响到正确的设计输出。

在观测期间注入的造成错误的故障是不能通过此时的输入向量来观察到它们的影响的。传播期间发生的故障被检测到了，并且其中的一些也被容忍了。被容忍的故障都发生在备用的冗余模块中。当翻转影响发生在传播期间，上述方案不能检测到故障发生在哪个冗余模块中，只能检测到系统出现了错误。因此，当检测到故障而

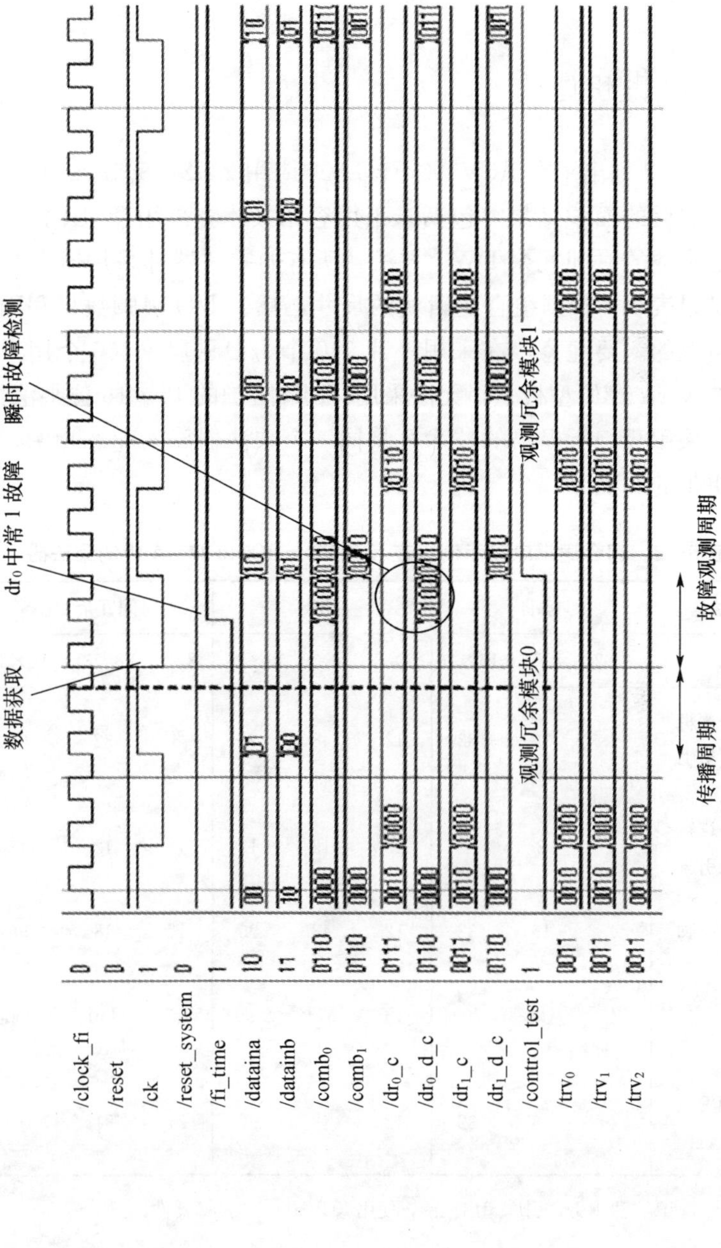

图 8-8　在22位乘法器应用的时间冗余DWC方案中进行故障注入的仿真分析

无法纠正时（特征码为0101），系统应该重新初始化，否则某些结果是不可靠的。

8.3 面积和性能

表8－2列出了在XCV300 FPGA中应用2×2，8×8和16×16位乘法器后的面积结果，包括未采用容错技术，采用TMR技术和减少引脚数的时间冗余DWC方法。所有的乘法器都采用寄存器输出。结果表明，根据组合逻辑块的尺寸，减少I/O引脚数目和面积都是可能的。要注意，在采用一片240个I/O引脚（166个用户可用）的Virtex®原型板上，无法采用TMR防护的16×16位乘法器。然而，采用我们所提出的技术可将同一个乘法器放入此芯片中，且占用更少的面积。

表8－2　组合逻辑电路示例：在XCV300－PQ240 FPGA中的乘法器

乘法器	标准			TMR			时间冗余DWC		
	2×2	8×8	16×16	2×2	8×8	16×16*	2×2	8×8	16×16
组合逻辑输入引脚	4	16	32	12	48	96	8	32	64
时序逻辑输入引脚	2	2	2	12	12	12	12	12	12
输出引脚	4	16	32	12	48	96	12	48	96
四输入LUT数目	4	156	705	16	514	2 002	33	440	1 504
触发器数目	4	16	32	12	48	96	21	81	161

* TMR方法中I/O引脚超出范围，使用XCV300－BG432器件。

在此方法中，由于存在翻转检测和表决模块，有一部分固有的面积开销。因此，只有与 TMR 中第 3 个冗余部分相关的组合逻辑面积比上面提到的固有面积大得多时，此方法才会比 TMR 的面积小。但是，这种技术能用在引脚数要求很严格的 I/O 电路设计中，确保减少引脚。

选择典型的有限长脉冲响应滤波器（FIR）电路作为这项技术的时序电路研究实例。像 FIR 这类的数字滤波器，典型地应用在很多采用 FPGA 的基于 DSP 的系统中，比如在图像和语音处理应用中。图 8—9 展示了一个典型的 5 抽头滤波器的图解。乘法器采用常系数的设计，使面积得到优化。寄存器采用 TMR 防护，如图 8—10所示，同时组合逻辑（乘法器和加法器）采用时间冗余 DWC 技术进行防护。翻转检测和表决模块放在输出部分，表决出来自于 dr_0 和 dr_1 的正确的端口输出，如图 8—11 所示。

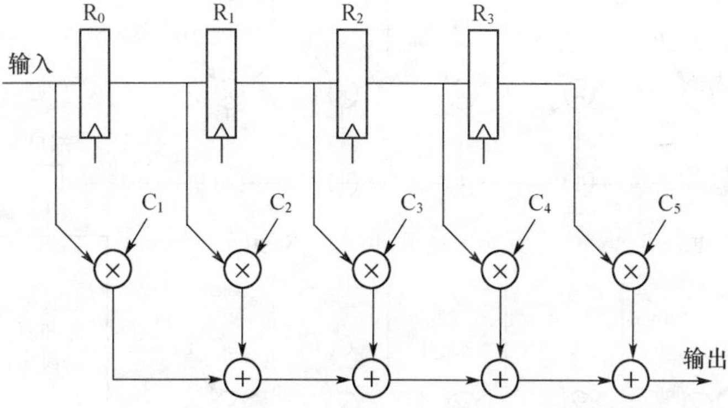

图 8—9 5 抽头典型 FIR 滤波器图解示例

在一个 XCV300 FPGA 中使用了一个 9 抽头 8 位的 FIR 典型滤波器，用来评估面积和引脚数。乘法器系数是 2，6，17，32 和 38。表 8—3 列出了在无容错技术、使用 TMR 技术和时间冗余 DWC 技术时，滤波器面积的占用结果。结果表明，如果采用 DWC 和时间冗

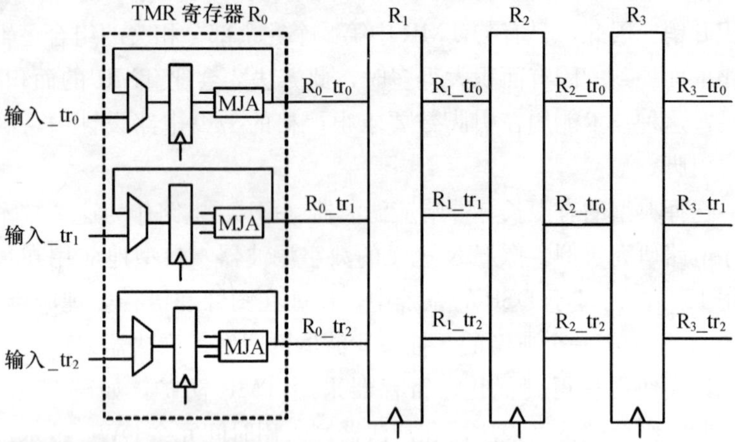

图 8－10　TMR 防护的滤波器寄存器

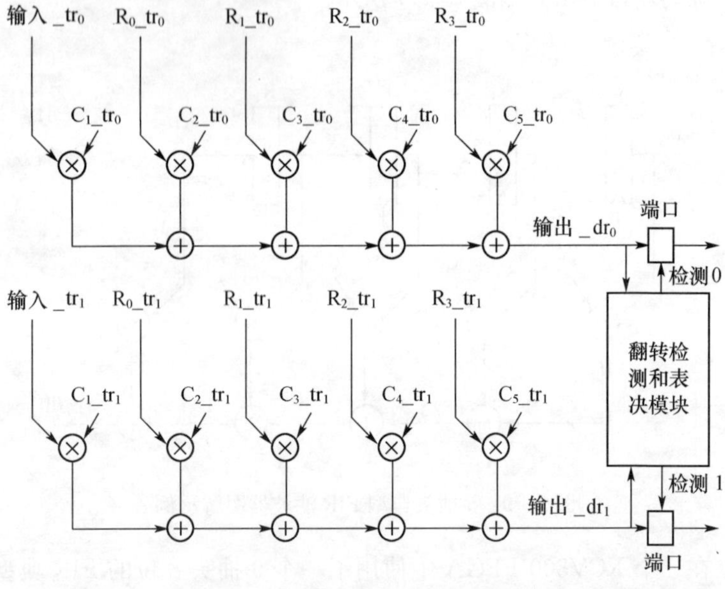

图 8－11　采用时间冗余 DWC 防护的滤波器的加法器和乘法器

余防护代替 TMR，9 抽头 FIR 占用 FPGA 的面积不到 22%，引脚数减少 20%。

表 8－3　时序电路示例：XCV300－PQ240 FPGA 中应用的 9 抽头 FIR 典型滤波器

	标准	TMR	时间冗余 DWC
组合逻辑输入引脚	8	24	24
时序逻辑输入引脚	3	15	15
输出引脚	16	48	32
四输入 LUT 数目	265	948	741
触发器数目	64	192	225

根据用户的应用需求，设计者可以选择全部硬件冗余方法（TMR）或者选择将双备份比较与并发错误检测相结合的综合解决方法，正如前面示例中讨论过的，这样可以减少引脚、接口的功耗及面积。图 8－12 展示了将 TMR 和时间冗余 DWC 相结合的一些应用。如图 8－12（a）所示，有可能只在 FPGA 的接口中采用这种新技术，以减少引脚。时间冗余 DWC 也能用在图 8－12（b）所示的设计中，以减少 I/O 端口数目和大规模组合逻辑电路的面积，如表 8－2 和表 8－3 所示的那样。

时序电路，比如计数器和状态机，更适合用 TMR 防护，因为组合逻辑比时序逻辑小。本章所讨论的技术也可用于防护组合逻辑电路，但必须插入一个并发错误检测模块。还有，在很多应用中能比较容易地发现有大型组合逻辑模块。比如，微处理器中的组合逻辑就有算术逻辑单元、乘法器和微指令解码器。

在采用 VHDL 的 Virtex® 原型板中，通过故障注入对我们所提出的方法进行了验证。用户的组合逻辑节点随机插入了翻转来模拟逻辑中的故障。故障注入过程用 VHDL 开发，描述了基于 SRAM 的 FPGA 中 SEU 的影响，先是瞬时影响，然后是永久影响。2×2 位乘法器的实验表明，可以检测到 100％的故障，并且容忍了 256 个注入的常 0 和常 1 故障中的 234 个（91％），这些被容忍的故障要么

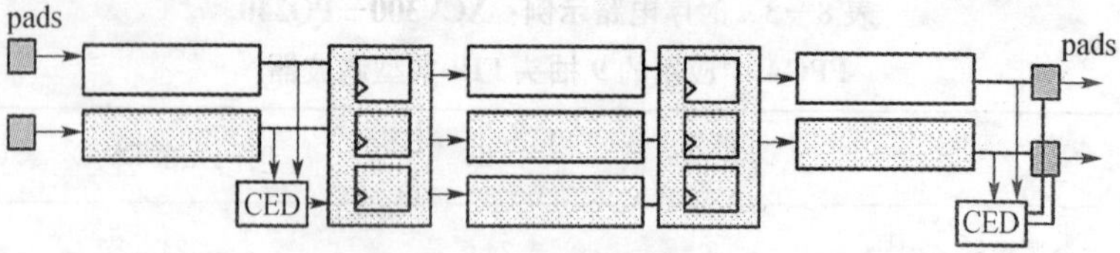

(a) 接口中应用的时间冗余 DWC

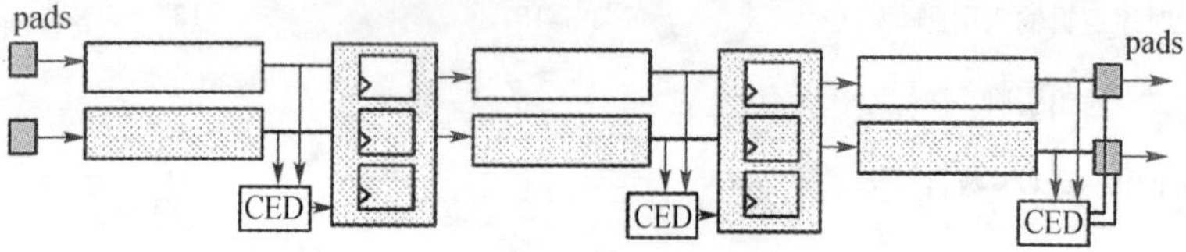

(b) 完整电路中应用的时间冗余 DWC

图 8－12　TMR 和时间冗余 DWC 方法评估

是因为它们在被 CLB 触发器捕获之前就被正确地表决了，要么是那些特定的故障根本没有影响到正确的设计输出。

虽然时间冗余技术相对于完全硬件冗余来说，能成功地用来减少引脚数和面积开销，但瞬时并发错误检测技术却不能 100％地纠正 FPGA 中发生的故障。这种方法的另一个缺陷是观测期间的性能损失。下一步的工作还需进一步研究用基于永久故障检测技术改进后的时间冗余技术，来改善故障纠正能力，减少每个时钟周期的性能损失，这些内容将在下一章介绍。

第 9 章　减少 TMR 开销：第二部分

由于故障的永久影响，时间冗余的方法自身不能百分之百地检测出基于 SRAM 的 FPGA 故障。因此，必须继续研究出一种能够检测逻辑电路中发生的永久故障的技术。参考文献（Lubaszewski，Courtois，1998）讨论了 TMR 方案相对于基于自检的容错方案的可靠性和安全性。研究的实验结果表明，模块的复杂性越高，自检方案和 TMR 方案可靠性的差别越大。总的来说，如果自检方案的开销不超过 73%这个界限，自检容错方案比 TMR 方案具有更高的可靠性。

通过将双备份比较（DWC）的方法与并发错误检测（CED）技术相结合，自检容错方案可以扩展到 FPGA 的应用中。图 9－1 所示的是被称为热备份结合并发错误检测的双备份比较（DWC－CED）方案。CED 能够在发生翻转后检测出哪个模块出现了故障，这样，输出中总会有一个正确的值，因为此机制能够在两个输出中选出正确的一个。

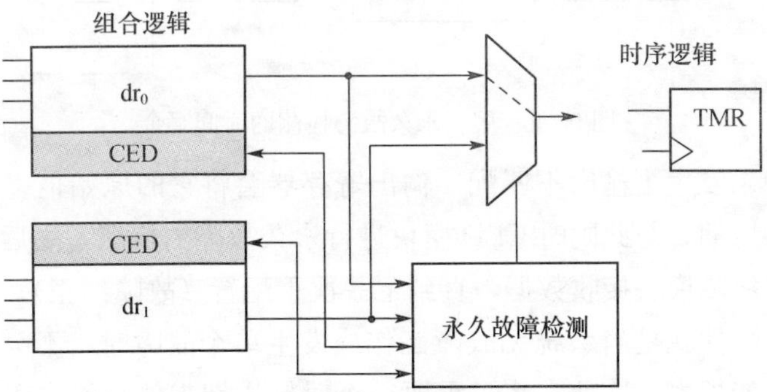

图 9－1　CED 与 DWC 相结合的方案

在检测基于 SRAM 的 FPGA 中的 SEU 时，CED 必须能够识别出冗余模块中的永久故障。CED 所做的工作就是找出被分析逻辑模块的特性，据此在出现永久故障时帮助识别在输出端的错误。有很多通过逻辑来检测永久故障的方法，大多数基于时间或硬件冗余，它们能表明被分析逻辑模块的特性。

基于时间冗余的 CED 方案用两种不同的方法重复计算输入的操作数，来检测永久故障。在 t_0 时刻进行的第 1 次计算期间，操作数直接在组合逻辑模块中使用，操作结果存储后用做进一步的比较。在 t_0+d 时刻进行的第 2 次计算期间，将操作数在使用之前进行修改，这样由组合逻辑中的永久故障造成的错误结果，在第 1 次计算和第 2 次计算中会不同，对结果进行比较，就能检测到这些错误。操作数修改被看做是编码和解码的过程，它们与逻辑模块的特性有关，其方案如图 9－2 所示。

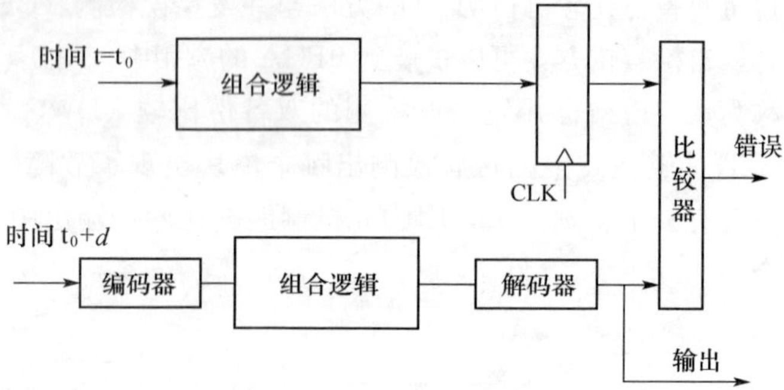

图 9－2　用于永久故障检测的时间冗余

如果发生了输出不匹配，输出寄存器会将它的原始值多保持一个时钟周期，与此同时 CED 模块进行永久故障的检测。之后，输出将从无故障模块接收数据，直到下一次重配置（故障纠正）。此方法的重要特性就是当系统无故障工作或发生单个故障时，不会引起高额的性能损失。这种方法只需要一个时钟周期来停止操作以检测故障模块，然后再正常操作而不会造成性能损失。最终的时钟周期是原始时钟周期加上输出比较器的传播时延。采样寄存器在时钟上升沿锁存，用户的 TMR 寄存器在 CLK+d 上升沿锁存。

文献中提出了很多用来检测永久故障的编码和解码技术（Johnston，Aylor，Hana，1988；Patel，Fung，1996；Avizienis，1971），有些基于时间冗余，比如位翻转，操作数移位重计算（RESO）和操作数交换重计算（RESWO）；有些基于硬件冗余，如奇偶和模数编码。

9.1　算术类电路的 DWC—CED 技术

DWC 技术和 CED 模块的结合可以检测永久故障，这是一种可用于 FPGA 的新型高层 SEU 减缓技术。识别组合逻辑模块中的一个永久故障需要 2 个时钟周期。然而在我们使用的方法中，并不是每个时钟操作都产生这些额外的时间。当将 DWC 与 CED 相结合来检测永久故障时，利用在备份方案中的输出端进行简单的比较可以判别是否需要重新计算数据以进行永久故障检测。只有发生输出不匹配时才需要进行重新计算。这种方法称为并发错误检测和双备份比较相结合的方法，即 DWC—CED 方法。

图 9—3 给出了一个研究实例的图解，即针对算术模块中应用的乘法器方案的研究。方案中有 2 个乘法器模块：mult _ dr_0 和 mult _ dr_1。输出端的多路选择器能提供正常的或移位的操作数。从正常操作数计算得到的输出总是存储在一个采样寄存器中，每个模块一个。每个输出直接连到用户 TMR 寄存器的输入。模块 dr_0 连到寄存器 tr_0，模块 dr_1 连到寄存器 tr_1。寄存器 tr_2 会接收无故障模块的数据。电路开始时默认通过 dr_0。寄存器 dr_0 和 dr_1 输出端的比较器会指示出不匹配（Hc）的输出。如果 Hc=0，表示没发现错误，电路会继续正常工作。如果 Hc=1，表示发现了错误，需要采用 RESO 方法重新计算操作数来检测哪个模块存在永久故障。检测占用一个时钟周期。

在寄存器输出的情况下，每个输出直接与用户 TMR 寄存器的输入相连。图 9—4（a）阐释了该逻辑方案。模块 dr_0 与寄存器 tr_0 相

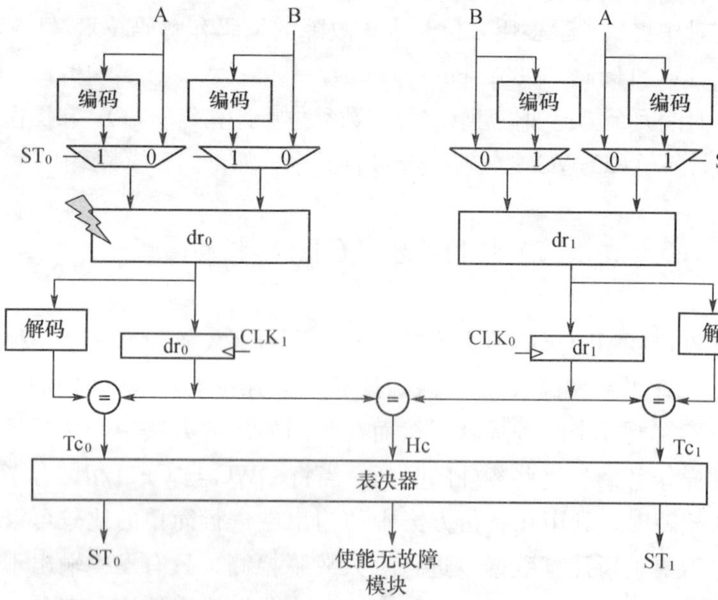

图 9－3　用于基于 SRAM 的 FPGA 的 DWC 与 CED 相结合的容错技术

连，模块 dr_1 与寄存器 tr_1 相连。当电路检测时，用户 TMR 寄存器会保持前值。当发现无故障模块时，寄存器 tr_2 接收此模块的输出，并一直接收此输出直到下一次芯片重配置（故障纠正）。电路开始时默认通过模块 dr_0。在未采用寄存器输出的情况下，信号能直接传输到下一个组合逻辑模块或 I/O 端口，如图 9－4（b）所示。

考虑一下输出存储在 TMR 寄存器中的两种不同的故障情况。第一种情况，故障发生在模块 dr_0（Mult _ dr_0）。Hc 指示存在输出不匹配；Tc_0 指示模块 dr_0 出现故障，Tc_1 指示 dr_1 无故障。此分析过程占用一个时钟周期。接着，永久故障检测模块选择 dr_1 作为 tr_2 的输入。要注意，当识别出无故障模块时，存储在用户 TMR 寄存器中的值保持一个周期。第二种情况与第一种情况相似，故障发生在模块 dr_1（Mult _ dr_1），Hc 指示存在输出不匹配；Tc_0 指示模块 dr_0 无故障，Tc_1 指示 dr_1 出现故障。永久故障检测模块选择 dr_0 作为 tr_2 的输入。

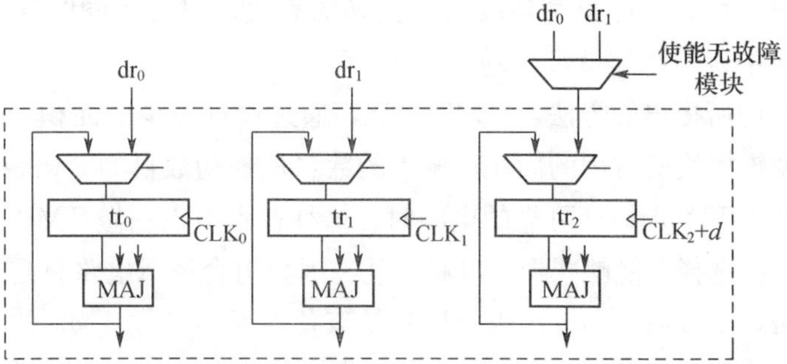

(a) 锁存的组合逻辑输出

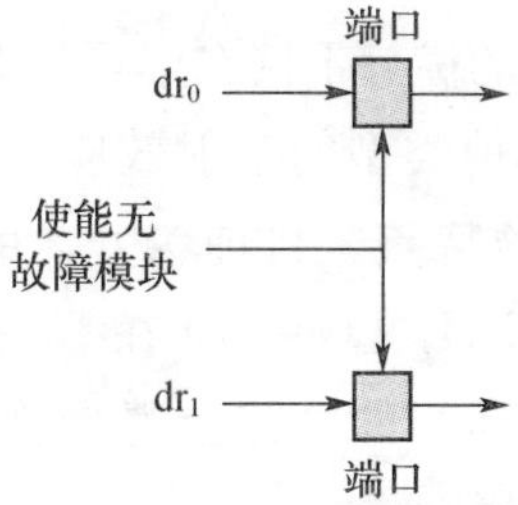

(b) 端口中的组合逻辑输出

图 9－4　锁存和端口组合逻辑输出的示例

要注意这两种方法——TMR 和我们所提出的 DWC－CED 技术，用户组合逻辑中的翻转都是通过刷新进行纠正的，而用户时序逻辑中的翻转是通过在 CLB 触发器中使用 TMR 方案进行纠正的。值得注意的是，为了确保在两次重配置之间只会发生一次翻转，作为翻转纠正的刷新操作是连续进行的。与使用 TMR 相同，为了保证此技术发挥良好的功能，必须遵守一些约束条件。不能在超过一个的模块中出现翻转，包括状态机的检测和表决电路，因此，用一些指定的面积约束来减少冗余模块 dr_0 和 dr_1 之间出现短路的可能性是非常重要的。刷新率应该足够快以避免在 2 个不同的冗余模块中积累翻转。检测和表决电路中的翻转不会干扰系统的正确运行，因为逻辑已经三倍冗余了。另外，此电路中锁存器的翻转也并不危险，因为它们在每个时钟周期都被刷新。假定每个芯片的更新过程之间只有单个翻转，如果翻转改变了正确的表决，只要不同时在 2 个冗余模块中发生翻转就没问题。

我们所提出的方法与 TMR 相比，通过设计减少的面积，是一个组合逻辑模块所占用的面积，输入的数量从最初数目的 3 倍减少为 2 倍。在为 FPGA 设计可靠的电路时，这种技术可以用做 TMR 技术以外的一种选择，能够减少端口和功耗。因为组合逻辑电路只是进行了双备份，所以输入和输出也可以只是双备份而不是像 TMR 的三倍冗余。但值得注意的是，与 CLB 触发器中使用的用户时序逻辑相关的 TMR 输入并没有改变，仍然需要 3 倍的时钟、复位等。

另外，采用这种技术的优势不仅在于可以减少引脚数和 CLB 的数目，还可以用于防护其他类型的辐射效应，如总剂量，因为这种方法有能检测永久故障的特点。目前为止，我们只提到了发生在 SRAM 可编程单元中的 SEU，这些单元在下一次重配置之前不再改变。然而，在空间环境中运行的电路会遭受总剂量和其他引起电路永久性物理破坏的效应的影响。

因为有很多 CED 技术，下一节将评估在 ASIC 中主要应用的 CED 技术，借此来检测基于 SRAM 的 FPGA 中应用的算术类电路发生 SEU 时的永久影响。其目的就是从故障检测、面积开销和性能损失方面研究每一种技术，并为每一类电路选择出最适合使用的技术。

9.1.1 使用基于硬件冗余的 CED 技术

基于硬件冗余的 CED 技术，采用额外的硬件进行两次计算操作并比较结果。直接应用这种技术的方法是采用 DWC，只要简单地备份采用相同操作数的原始硬件，然后比较结果。故障覆盖率取决于通过输入向量得到的故障的可观测性。如果组成 DWC 的电路，只有一个电路出现单一故障，至少要有一个输入向量才能在输出端显示故障。这一技术的面积开销大约是 100%，但几乎没有性能损失，因此，它的成本太高，不会用于保护基于 SRAM 的 FPGA 中采用 DWC－CED 技术的组合逻辑电路。

另一种基于硬件冗余的使用 CED 的途径是用额外的硬件来计算将原始操作数进行编码后的不同的操作数，具有较少的位数，可以减少面积开销。这种方法可以使用任何编码，但是最好采用能保持操作数的算术和逻辑属性的编码，以避免需要设计全新的硬件来预测新的输出。也就是说，给出两个操作数 a 和 b，一个操作符 op 和一个编码 c，下面的等式必须成立。

$$c(a)\quad op\quad c(b) = c(a\quad op b)$$

令人感兴趣的是具有算术属性的编码——剩余码（residue code），也叫做模数码。剩余码是用一个给定的数除操作数，通过重新计算余数来应用的。图 9—5 给出了采用剩余码的 CED 技术的电路原理图，图 9—6 给出了在 VHDL 中的应用。

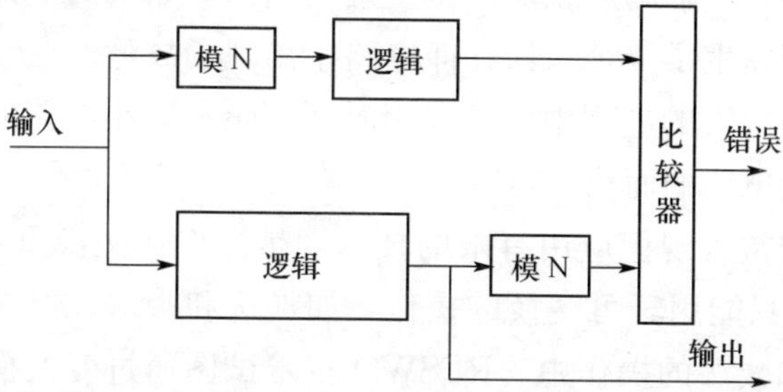

图 9—5　剩余码技术应用

```
s <= ( '1' &a(7 downto 4))-(not a(3 downto 0));
if (sub(4) = '1' ) then
moda := sub(3 downto 0); else
moda := a(7 downto 4) + a(3 downto 0); end if;
if (moda = "1111" ) then
mod_a := "0000" ; end if;
```

图 9—6　VHDL 应用的剩余码技术

本文应用的版本采用模－15，此编码输出的最大长度为 4 位。用于研究的大多数电路的操作数是 8 位，或更多，因此这一编码一定会导致操作数位数的减少。下面的 VHDL 代码片段表示的是已开

发的计算模 2^n-1 的算法①，其中 $n=4$（模−15）。

由于本文的目的是研究基于 SRAM 的 FPGA 中采用 DWC−CED 方法检测 SEU 永久故障的技术，所以基于 CED 硬件冗余的技术不具有吸引力，因为它们增加了面积而没有降低成本。剩余码比 DWC 的面积开销小，这依赖于原始操作数的输入宽度，因此它有一定的应用场合。但是，它有性能损失，这与剩余编码器的时延有关。

9.1.2 使用基于时间冗余的 CED 技术

基于时间冗余的 CED 技术减少了硬件的开销，却增加了额外的时间开销。它通过不同的方式对操作数进行重计算以检测出错误。进行第一步计算时，使用的是正常的操作数。在重计算时，将操作数进行编码，经解码后就能产生正确的结果。如果两个计算结果不匹配，说明发生了一个错误，即电路中出现了故障。在性能不是最重要决定性因素的应用中，可以用时间冗余来减小电路的开销，而且不会增加电路的面积和功耗。

一种非常直观但应用有限的技术，是操作数交换重计算（RESWO）。它只能用于可交换的操作，如加法和乘法，但它不能用在诸如除法和减法的操作中。RESWO 技术试图通过变换操作数的位置来检测错误。例如，计算 $a+b$ 后，再做 $b+a$ 的计算，然后比较结果是否相同。当然，如果两个操作数相等，就无法检测到任何故障。除此之外，这项技术会有很高的错误检测能力。

另一种编码技术是利用算术逻辑的分布属性来发现故障。如果将输入的操作数左移 1 位，相当于操作数乘 2。相应地，结果将乘 2（加法器）或乘 4（乘法器），可以在输出端很容易地通过 1 位或 2 位右移完成除法操作。这种技术叫做操作数移位重计算（RESO）。在第一步计算中，操作数的计算结果存储在一个寄存器中。第二步计算中，将操作数左移 k 位进行计算，计算的结果右移 k 位（如果是

---

① 原文为 $2n-1$，疑有误。——译者注

乘除法，移 $2k$ 位）。在下面提到的应用中，操作数移了 1 位。第二步计算的结果与存储在寄存器中前一次计算的结果比较，不匹配表示电路中出现了永久故障。例如，在加法器中，左移的操作数等于原始操作数乘 2，和的结果也相当于原始结果乘 2。这样，只需右移新的结果并与原始结果比较，就能检测故障。为了将移出的数字相加而不至于引起溢出，加法器应具有足够的宽度。否则，会得到有并不存在的故障出现的错误判断。参考文献（Patel，Fung，1982）的研究表明，RESO 具有检测故障的能力。

对于 8 位操作数的函数，可以用两种方法，使用相同位数（8 位）的 RESO，或者使用增加 1 位的 RESO，以减少检测故障时的失误。当然，第二种方法会因为新的位的宽度要求而增加面积开销。

另一种增加 RESO 故障覆盖率的方法是增加一个时钟周期。首先在第一个周期计算原始操作数，下一个周期处理左移的操作数。如果仍然没有检测到故障，可以再加一个时钟周期，操作数再左移一次（合计乘 4）。由于操作数多次移位，增加了 RESO 故障覆盖率（Patel；Fung，1982）。这种方法叫做 2 次移位 RESO，那么前面提到的只进行一次移位的方法叫做 1 次移位 RESO 或只称为 RESO。为了增加覆盖率而增加的额外的时钟周期会降低操作性能。采用 RESO 的电路原理图如图 9－7 所示。

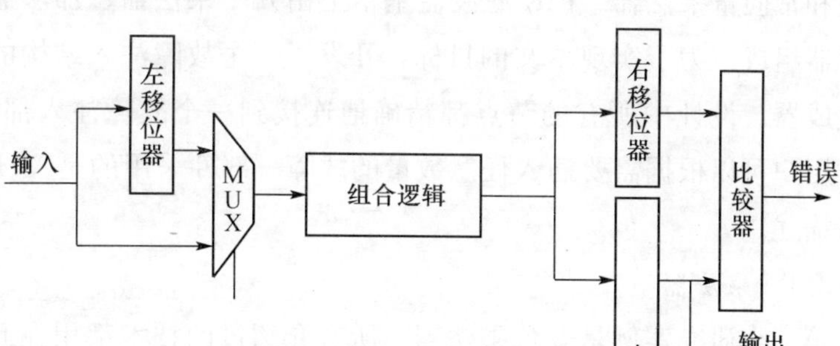

图 9－7　RESO 技术的应用

时间冗余的另一种选择是应用剩余码，在硬件冗余一节已经介绍过了。由于编码后的操作数比原始操作数位数少，可以用同一个硬件在两个不同时刻执行原始操作数和编码后的操作数的计算。为了用同一个硬件，未用位必须填 0。与用不同硬件相比故障覆盖率低（一个用做原始逻辑，另一个用做编码后的逻辑），其原因是两个结果都是由发生故障的硬件计算的。

为了提高故障覆盖率，这些编码技术可以组合使用，每个时钟周期采用一种编码技术。第 1 个时钟周期计算原始操作数；第 2 个时钟周期操作数采用一种编码；最后第 3 个时钟周期操作数采用另一种编码。当然，这种方法的缺点是由于使用了 2 个编码器和解码器而增加了面积，多用的时钟周期也增加了额外的性能损失。

9.1.3 选择最合适的 CED 模块

为了评估上述技术的故障覆盖率，对一些组合逻辑和时序逻辑电路进行了测试，包括 8 位乘法器，ALU 和典型 FIR。两个称为“Lemon Dragon 乘法器”和“滤波器生成器”的工具，分别自动生成了乘法器和滤波器。这种工具提供两种不同的综合体：全向量乘法器和常向量乘法器。FIR 滤波器基本上由几个乘法器、加法器和寄存器组成。为了实现本文的目标，开发了一个故障注入结构的自动生成器。设计中所有的节点都精确地连接到一个故障注入部件，这样用户可以根据需要插入任意数量的故障。部件采用的是 VHDL 语言描述。

9.1.3.1 乘法器

第一个研究实例是 8 位乘法器。所有介绍过的技术都用在此电路上了：硬件冗余的剩余码，RESWO，移 1 位的 8 位 RESO（忽略左位）和 9 位（扩展操作数）RESO，移 2 位的 8 位和 9 位 RESO 及时间冗余剩余码。乘法器采用级联全加器（FA），如图 9－8 所示。

8 位乘法器具有 52 个节点，共计 1 056 种故障（常 0 或常 1），9 位乘法器有 675 个节点，共计 1 350 种故障。上述两个实例中，两个原始操作数都是 8 位，输入向量有 2^{16}（65 536）种组合。将所有故障和输入向量的组合注入，8 位乘法器总共有 69 206 016 种组合，9 位乘法器有 88 473 600 种组合。

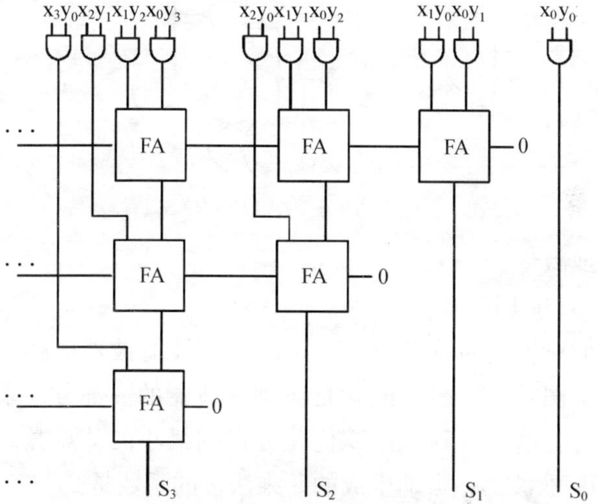

图 9－8　采用级联全加器的乘法器

9.1.3.2　ALU

下一个研究实例是 ALU。ALU 完成下列操作：加法，减法，增量，减量，与，或，异或和非。它的设计采用位片式方法，每一片的原理图如图 9－9 所示。通过信号 c_1，c_2 和 c_3 进行操作选择，操作数是 a（i）和 b（i），c_{in}是前一片来的进位，信号 c_{out} 是到下一片的进位，s（i）是本片输出。ALU 有两个 8 位的输入操作数，另加 4 位操作选择。这样，需要测试 2^{20}(1 048 576)种向量输入组合。每片有 16 个节点，因此对于每一个 8 位的 ALU 有 256 种不同的故障。所有输入向量的组合用故障注入的方法进行测试，共计 268 435 456 种。到此为止，并没有完成所有技术的评估，RESWO 方法还没有用，这是因为 ALU 执行的一些操作不是可交换操作数的，比如减

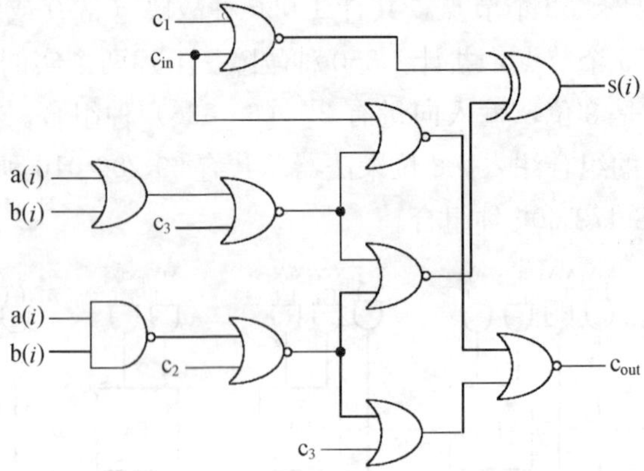

图 9－9　ALU 位片

法，增量或减量。

9.1.3.3　数字 FIR

在我们所提出的技术中，选择典型 FIR 滤波器电路作为时序研究的实例。图 8－10 表示的就是典型滤波器的一部分。乘法器采用常系数设计，这样有利于面积优化并得到最小的节点数。典型 9 抽头 8 位 FIR 滤波器是自动生成的。乘法器的系数是 2，6，17，32 和 38。那么 8 位输入将要有 2^8（256）种输入向量的组合要测试。在 FIR 滤波器中，包括所有内部乘法器和加法器在内的节点数是4 208 个，对输入向量和故障的所有可能的组合均进行了测试，共运行了 1 077 248次。

9.1.4　故障覆盖率结果

对于我们所提出的用于永久故障检测的 DWC－CED 技术，首先用故障注入的方法在原型板上进行了模拟验证。采用 VHDL 描述的故障注入系统是专门用于测试这种技术的。在一块采用 XCV300 器件的 AFXPQ249－110 板上对结果进行了仿真。采用 Xilinx 实现工具对这种方法和 TMR 方法的面积使用情况进行了比较。

故障注入系统能随机选择故障插入时刻、节点和冗余模块（$mult\_dr_0$ 或 $mult\_dr_1$），并具有故障复位信号来完成刷新工作，清理故障。故障注入结果表明了该方法的可靠性。图 9—10 表示的是两个不同故障的图形。

图 9—10 的左面，故障发生在模块 dr_0（st _ perm _ dr_1 =0，表示 dr_1[①] 无故障），因此，trv_2 接收 dr_1（mux _ select=1）。要注意，此方案在识别无故障模块时，存储在用户 TMR 寄存器中的值保持一个周期。在图 9—10 右侧，模块 dr_1 中发生了一个故障（st _ perm _ dr_0 =0，表示 dr_0 无故障），由于默认寄存器 trv_2 接收 dr_0，因此检测到永久故障后没有任何变化。

为了全面评估故障覆盖率，基于 DWC—CED 技术构建的实验，将在 9.2 节中介绍。并行执行的 4 个版本的研究实例均采用 VHDL 描述。

① 用来计算电路（模块 dr_0）期望输出的金电路；

② 采用重计算 CED 技术的模块 dr_0 的复制；

③ 进行了故障注入、具有故障注入能力的被测电路（DUT）（模块 dr_1）；

④ 注入同样故障的、采用重计算 CED 技术的 dr_1 模块的复制。

要注意在实际操作中，DUT 和重计算采用同一个硬件，因此只有两个模块，即模块 dr_0 和模块 dr_1。然而，对于实验而言，每个冗余模块有两个电路并行完成所有操作，以减少操作时间。另外，用原型板（AFX—PQ240）进行故障注入试验，可以加快故障模拟过程。

为了在研究的电路中的所有结点上注入故障，在 VHDL 描述的每个节点插入了一个 4 选 1 多路选择器。如果多路选择器的选择信号是 00，原始信号通到输出；如果选择信号是 01，输出常量 0（常 0 故障）；如果选择信号是 10，输出常量 1（常 1 故障）。故障注入系统用两个时钟工作，一个控制输入向量的变化，另一个控制故障的变化。计数器控制着必须插入电路的输入向量和故障组合的数目。

---

① 原文为 dr_0，似有误。——译者注

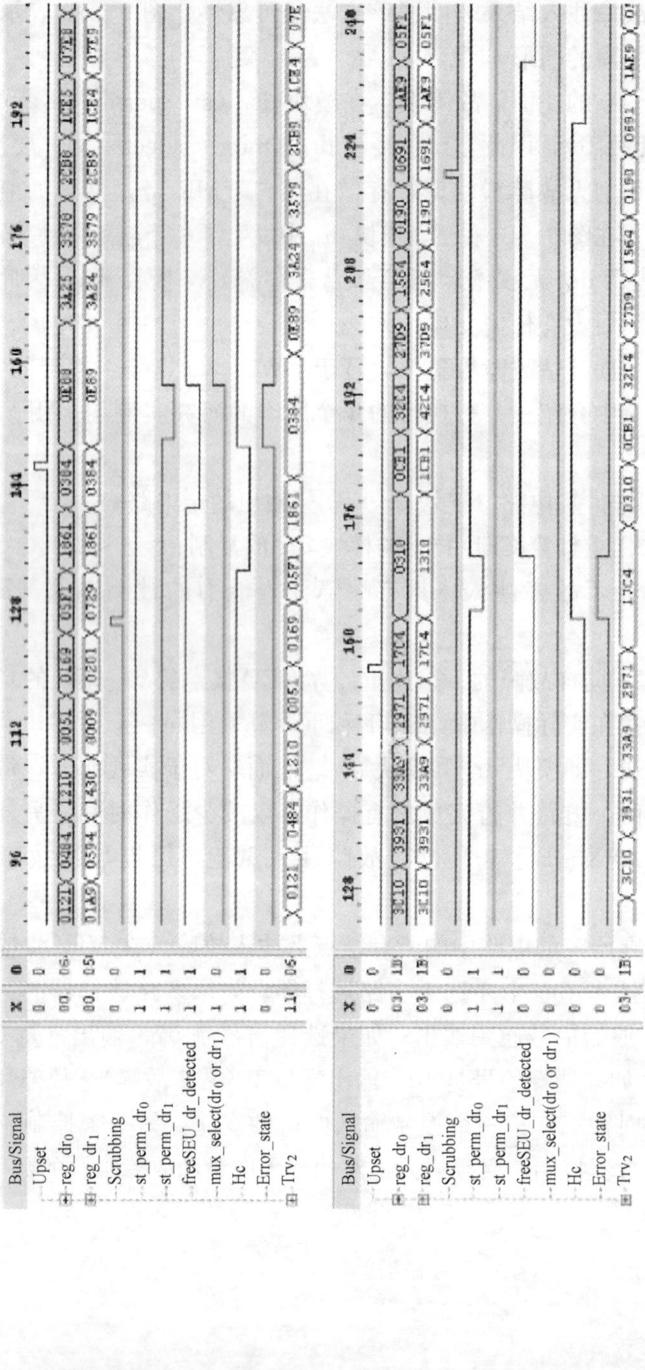

图9-10　在Virtex® FPGA原型板上用Chipscope分析器(Xilinx,2001b)进行翻转模拟

所有的组合都已经进行了注入，还设置了一个信号来表示故障注入的完成。

在所有周期中，金电路（模块 dr_0）的输出和 DUT（模块 dr_1）进行比较。如果输出相等（Hc＝0），意味着某个电路中存在一个故障，但故障没在输出端产生错误，因此对于实时运行而言，该故障可以忽略，不必执行检测操作。如果故障在输出端生成一个错误（Hc＝1），模块 dr_1 的输出与重计算电路（复制的 dr_1 模块）的解码输出进行比较。如果输出不相等（Tc_1＝1），意味着当前使用的技术能检测此故障。同时，模块 dr_0 的输出与重计算电路（复制的 dr_0 模块）的解码输出比较。如果输出相等（Tc_0＝0），意味着此技术能检测到无故障模块。

当 dr_0 和 dr_1 的输出出现不匹配时（Hc＝1），应该存在一个未检测到的故障，应用此技术不能检测到故障模块（状态 Tc_1＝0）或者不能检测到无故障模块（状态 Tc_0＝1）。增加的计数器可以显示出未检测到的故障总数。毕竟，是从原型板读出计数器的值，并计算出未检测到故障的百分比。检测到的故障数目和百分比列于表 9－1。

表 9－1　基于 SRAM 的 FPGA 中 CED 技术故障覆盖率，面积和性能评估

电路	CED 技术	故障注入数	故障检测数	故障检测百分比/%
8 位乘法器	余－15（硬）	69 206 016	69 136 448	99.89
	余－15（时间）	69 206 016	47 387 924	68.47
	RESWO	69 206 016	48 458 171	70.02
	8 位 RESO	69 206 016	69 176 011	99.95
	9 位 RESO	88 473 600	88 473 600	100.00
	移 2 位 8 位 RESO	69 206 016	69 198 150	99.98
	余－15（硬）	268 435 456	222 135 593	82.75
	余－15（时间）	268 435 456	199 912 813	74.47

续表

电路	CED 技术	故障注入数	故障检测数	故障检测百分比/%
8 位 ALU	8 位 RESO	268 435 456	213 005 264	79.35
	9 位 RESO	268 435 456	245 694 848	91.52
	移 2 位 8 位 RESO	268 435 456	213 048 871	79.36
	移 2 位 9 位 RESO	268 435 456	245 763 385	91.55
	余−15+9 位 RESO	268 435 456	248 907 886	92.72
8 位滤波器	余−15（硬）	1 077 248	1 077 248	100.00
	余−15（时间）	1 077 248	718 105	66.66
	8 位 RESO	1 077 248	1 077 248	100.00

结果表明，在故障覆盖率方面，所有不同的 RESO 方法，都比时间冗余剩余码和 RESWO 有更好的结果。可以看到剩余码采用硬件冗余时比采用时间冗余时有更高的故障覆盖率。这是因为采用同一个故障硬件计算剩余码，编码的字会更有可能在输出端造成同样的影响。

从故障覆盖率角度来讲，RESO 是最适合乘法器的技术，也适合所有使用乘法器的电路，如滤波器。对于 ALU，所讨论的技术中没有一种足以保证 100％检测到故障。这是因为 ALU 逻辑不仅包括算术运算，还包括布尔逻辑，而所讨论的技术对它们均是无效的。

9.1.5 面积和性能结果

表 9−2 列出了在 XCV300 型 FPGA 中采用 8×8 位和 16×16 位乘法器的面积结果，包括未采用容错技术、采用 TMR 技术和采用

我们所提出的技术（采用 RESO 方法、用于永久故障的 DWC－CED）。所有的乘法器都有寄存器输出。结果表明，根据组合逻辑块的大小，有可能既减少 I/O 引脚数目，又减少面积。

表 9－2　乘法器应用的结果比较（XCV300－PQ240）

乘法器	标准		TMR		DWC－CED	
寄存器输出	8×8	16×16	8×8	16×16*	8×8	16×16
I/O 总数	34	66	108	204	92 (－14%)	172 (－17%)
4－LUT 数目	159	741	584	2 285	534 (－8.5%[①])	1 791 (－22%)
ffs 数目	16	32	48	96	82 (＋34)	162 (＋66)
非寄存器输出	8×8	16×16	8×8	16×16*	8×8	16×16
I/O 总数	32	64	96	192	66 (－31%)	130 (－32%)
4－LUT 数目	156	711	551	2 159	425 (－23%)	1 442 (－33%)
ffs 数目	0	0	0	0	34	66

* I/O 引脚超出范围，使用 XCV300－BG432 器件。

要注意，采用 TMR 防护的 16×16 位乘法器不能用在 240 个 I/O引脚（用户可用 166 个）的 Virtex® 器件原型板上；然而该芯片能容纳采用我们所提出的技术的同一个乘法器，而且占用更少的面积。在性能方面，TMR 方法能达到的评估频率是 33.8 MHz，而 DMR－CED 方法目前达到的频率是 26.7 MHz。

正如前面提到的，根据用户应用的需求，设计者可以选择全硬件冗余（TMR）或混合的方法，也就是将时间冗余和硬件冗余结

① 原文为－8，5%，似有误。——译者注

合，以减少引脚数目和接口功耗。可以只在 FPGA 的接口采用 DMR 和时间冗余，用这种方法来减少引脚数目。DMR 和时间冗余不仅能减少设计中的 I/O 端口，还能减少大组合逻辑电路的面积，并增加可靠性，如表 9—2 所示（Lubaszewski，Courtois，1998）。

采用第 8 章介绍的同一个典型 FIR 滤波器作为我们所提出技术的一个时序研究实例，这个 9 抽头 8 位滤波器带的乘法器系数是 2，6，17，32 和 38。寄存器也采用 TMR 防护，而对组合逻辑（乘法器和加法器）的防护采用了使用 RESO 方法的 DWC－CED 技术。CED 模块放在输出端，它从 dr_0 和 dr_1 中表决出正确的端口输出，如图 9—11 所示。

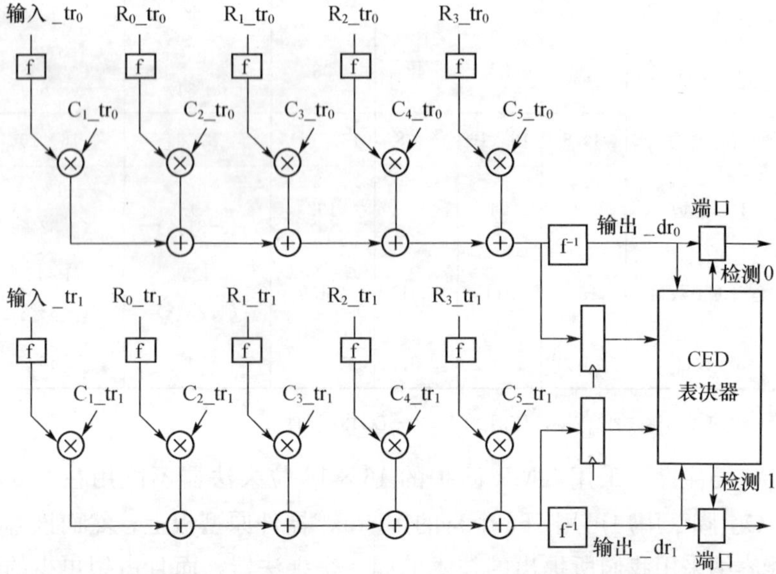

图 9—11　DWC－CED 技术防护的 FIR 滤波器

表 9—3 列出了应用了不同技术的滤波器的面积结果，包括无容错技术，采用了 TMR 技术和我们所提出的技术。结果表明，9 抽头典型 FIR 滤波器如果采用 DWC 和时间冗余防护而不用 TMR，占用了 FPGA 中不到 13％的面积。结果还表明，引脚数目比 TMR 少

19%。在性能方面，采用 TMR 技术可以达到 40 MHz 的评估频率，而采用 DWC－CED 技术的频率是 22 MHz。更多的结果可在参考文献（Lima，Carro，Reis，2003b）中找到。

表 9－3　滤波器应用（XCV300－PQ240）

	标准	TMR	提出的方法
I/O 端口总数	26	84	68
4－LUT 数目	244	887	776
ffs 数目	64	192	226

在使用 FIR 数字滤波器时，也可以通过双备份寄存器来进一步改善此技术。时序电路中可以用双备份来代替 TMR，是因为滤波器有某些特性。首先是由于滤波器中的数据是流水处理的。在每个时钟周期，每个寄存器接收一个新的输入，这个输入会清除传播到下一个寄存器的翻转。在最坏的情况下，必须等待 n 个流水线时钟周期，来清除掉所有的翻转。第二个特点是乘法器系数的使用，该系数乘以一个常数，通常等于可能的最高输入数字，以避免浮点乘法。这意味着输出必须被同一个常数除，这样输出被截短，内部操作中的许多翻转最终会被消除。

测试用的是一个 11 抽头 9 位数字低通滤波器，该滤波器只在组合逻辑和时序逻辑电路中采用 DWC－CED 进行了防护，如图 9－12 所示。原始的分数系数被乘以常数 512，最终乘法器的系数是 1，－1，－9，6，73 和 120。该滤波器具有 10 个 9 位寄存器，总共 90 位可能产生 SEU 错误。图 9－13 表示的是滤波器中的一些故障敏感区。翻转会影响寄存器，造成瞬时影响，或者影响到逻辑模块（乘法器、加法器和表决器），造成永久影响。

根据每一类存储单元占 CLB 中整套存储单元的百分比，如 LUT 占 7.4%，触发器占 0.46%，CLB 中的用户位占 6.36%，通用布线

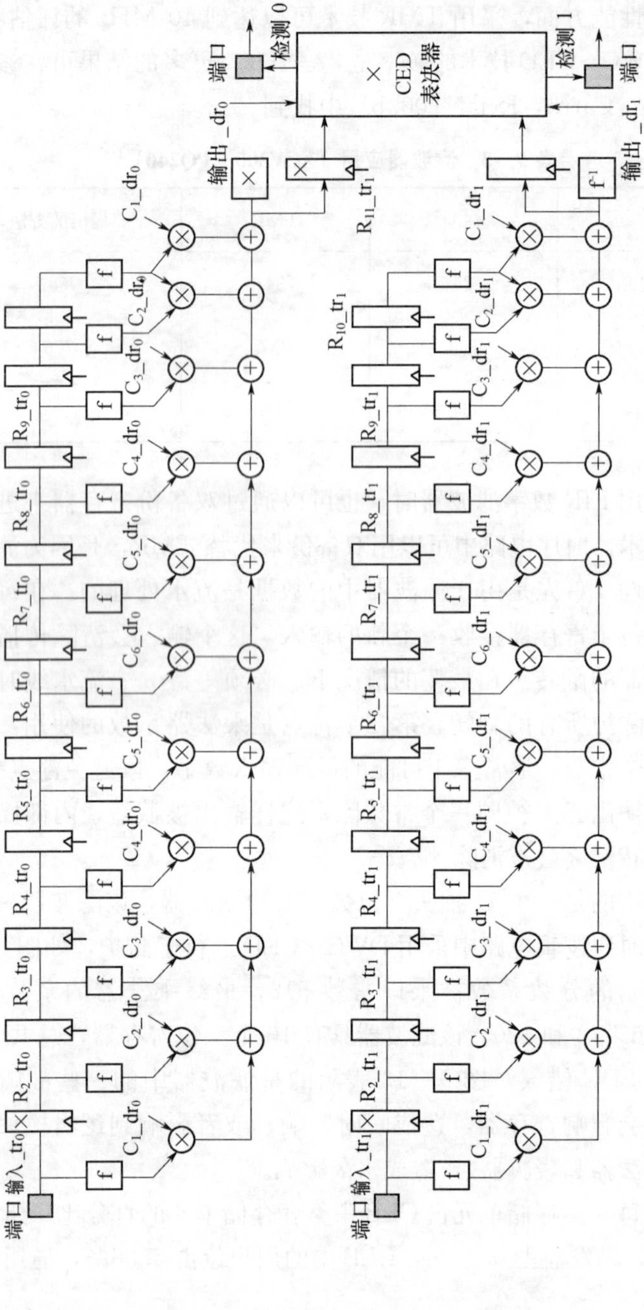

图 9-12　采用DWC-CED技术对FIR滤波器中的组合和时序逻辑进行防护

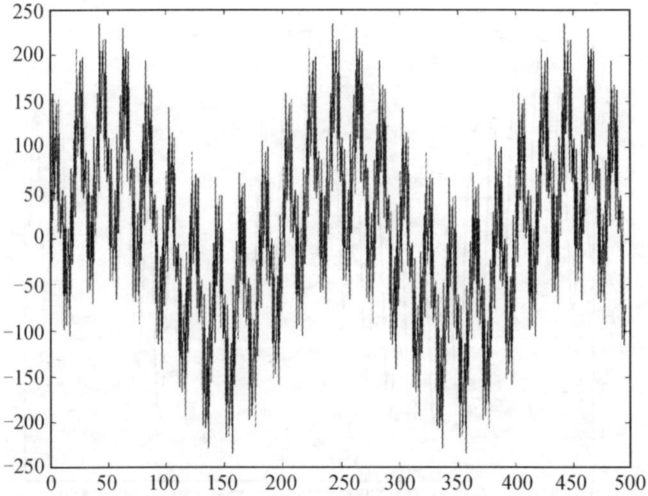

图 9—13　FIR 滤波器中幅度输入信号

占 82.9%，可以发现一个翻转影响寄存器的可能性与同一个翻转影响逻辑的可能性相比会很低。另外，最后的输出被除以一个常量后，如常量 512，在寄存器中就不会总发现翻转的影响。

图 9—13 表示的是所研究的滤波器输入信号的幅度波形。图 9—14 表示的是滤波器在时间域输出的幅度波形。输入波形为 100 Hz，1 kHz 和 8 kHz 频率的叠加。低于 3.75 kHz 的频率通到了输出，没有任何衰减，研究实例中的频率就是 100 Hz 和 1 kHz。3.75～5.625 kHz 的频率被衰减了，高于 5.625 kHz 的频率被滤波器阻塞了。

寄存器中注入了被测试的输入信号的所有可能的位翻转的组合。总共注入了 90 个位翻转故障。图 9—15 表示的是滤波器的位图，具有 10 个 9 位寄存器，第 1 个寄存器故障位的清除需要 10 个时钟周期，第 2 个寄存器的故障位需要 9 个时钟周期，第 3 个寄存器的故障位需要 8 个时钟周期，依此类推。故障注入测试所需的时钟周期总数的计算如等式（1）所示。这样，滤波器在 495 个时钟周期的运行中都有故障出现。

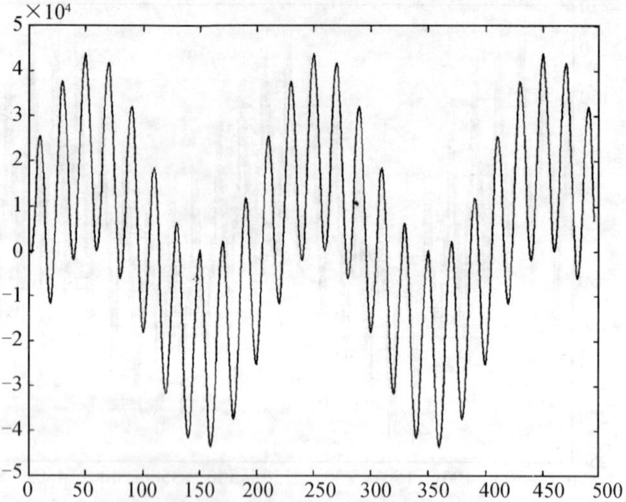

图 9—14　FIR 滤波器中幅度输出信号

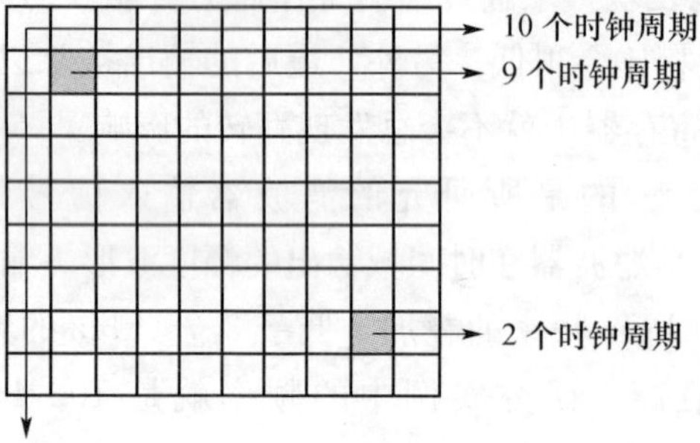

$$时钟周期 = 9 \times 10 + 9 \times 9 + 9 \times 8 + 9 \times 7 + 9 \times 6 + 9 \times 5 + 9 \times 4 + 9 \times 3 + 9 \times 2 + 9 \times 1 \quad (1)$$

$$时钟周期 = 9 \times 55 = 495$$

图 9—15　滤波器存储单元映像（9 位×10 寄存器）

表 9—4 列出了翻转在滤波器输出中的影响。要注意，有不到 50％的注入故障在输出的最高 9 位产生影响。图 9—16 表示了在滤波器中注入故障时，输出的幅度波形。注意，与原始信号相比信号有一些噪声。

表 9—4　滤波器输出寄存器翻转注入的影响

注入的位翻转总数	90
出现故障的时钟周期总数	495
故障时钟周期数	487
9 位最高位出现输出故障数	201
第 9 位出现输出故障数	43
第 10 位出现输出故障数	40
第 11 位出现输出故障数	31
第 12 位出现输出故障数	21
第 13 位出现输出故障数	21
第 14 位出现输出故障数	12
第 15 位出现输出故障数	13
第 16 位出现输出故障数	0
第 17 位出现输出故障数（信号）	20

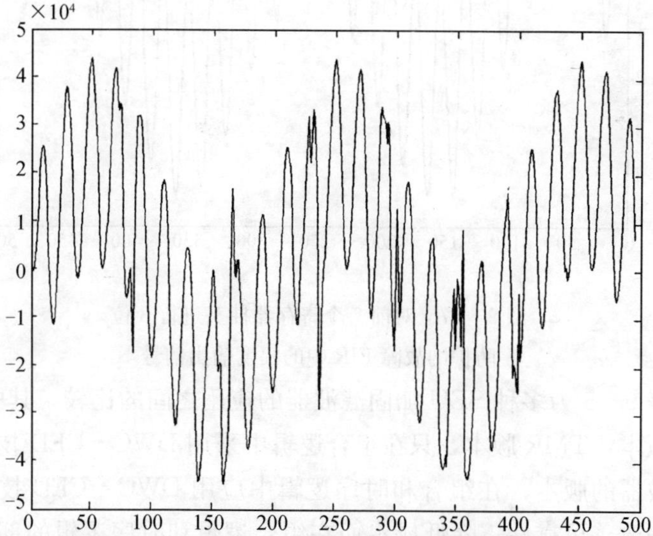

图 9—16　故障 FIR 滤波器中的幅度输出信号

为了改进滤波器输出信号的完整性，对输出影响最大的前 7 个抽头寄存器采用 TMR 对包括信号位在内的最高 3 位进行防护。总之，对总计 90 位中的 21 位进行了防护，占全部敏感位的 23%。这一防护将输出中的翻转影响减小到了很低的水平，正如从 Matlab 工具的图中看到的那样（Mathworks，2003）。图 9－17 为采用 TMR 对 21 位进行防护后滤波器输出信号在出现翻转时的幅度波形。要注意，此时噪声已经减小到了很低的水平。图 9－18，图 9－19 和图 9－20 表示的是频域的同一输出信号。

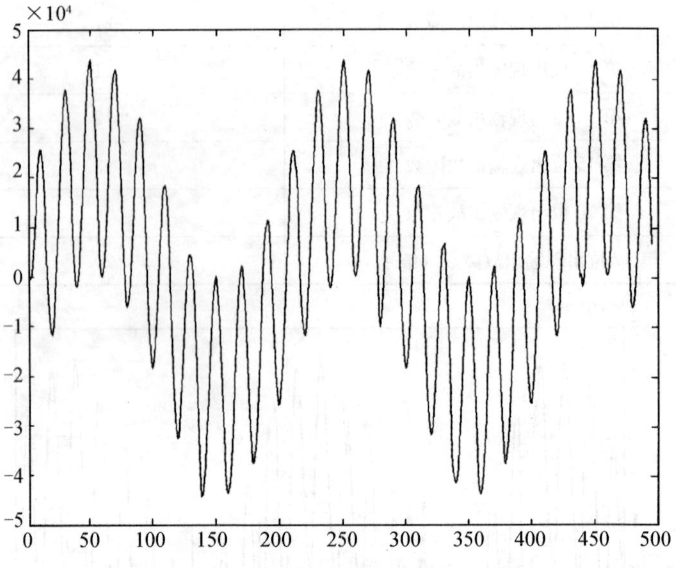

图 9－17　对前 7 个寄存器抽头进行 3 位防护的故障 FIR 中的幅度输出信号

表 9－5 为多种 SEU 加固滤波器的应用之间的比较，其中包括：标准版本，TMR 版本，只在组合逻辑中采用 DWC－CED 技术防护的滤波器的版本，在组合和时序逻辑中应用 DWC－CED 技术的版本，为改善可靠性、降低成本而在组合逻辑和时序逻辑的部分位中应用所提出的 DWC－CED 技术的版本。

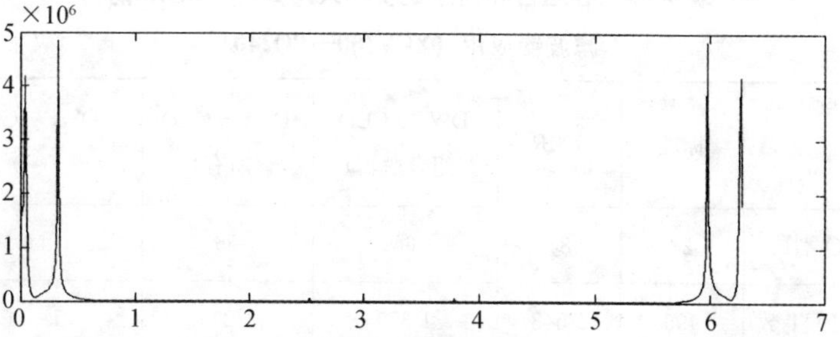

图 9－18　FIR 滤波器频域信号输出

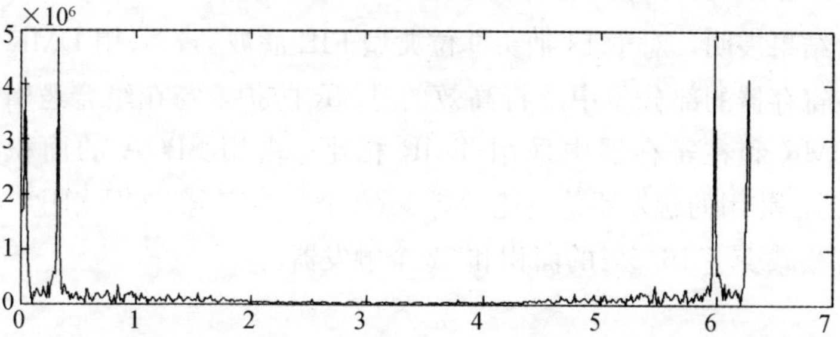

图 9－19　故障 FIR 滤波器频域信号输出

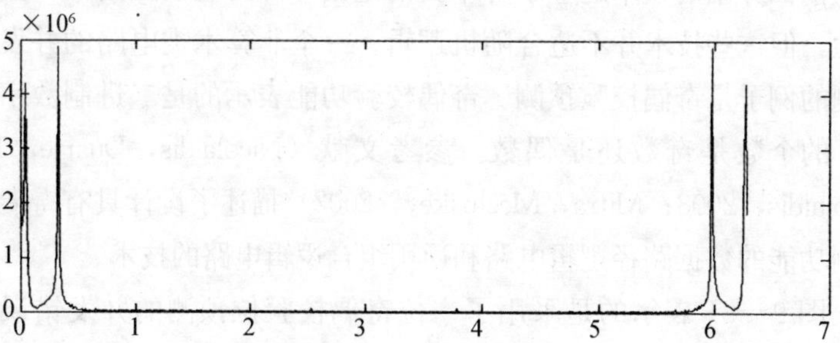

图 9－20　前 7 个寄存器抽头 3 位防护
的故障 FIR 滤波器频域信号输出

表 9—5 在组合和时序逻辑中采用 DWC—CED 的滤波器应用（XCV300—PQ240）

	标准	TMR	DWC—CED（组合逻辑）	DWC—CED（所有）	DWC—CED（*）
I/O 端口	28	84	66	56	56
4—LUT 数	496	1 548	1 350	1 274	1 304
ffs 数	90	270	308	218	248

* 前 7 个寄存器中的 3 位采用 TMR 防护。

结果表明，对于 11 抽头 9 位典型 FIR 滤波器，采用 DMR 并且仅在寄存器的部分位中进行高效的 TMR 防护，与在组合逻辑中采用 DMR 和在寄存器中采用 TMR 相比，占用 FPGA 的面积要少 3.5%，使用的触发器数也比后者少 60 个。与完全 TMR 相比，这一新方法减少了 16.5%的面积和 22 个触发器。

9.2 非算术电路中的 DWC—CED 设计技术

前面介绍的技术适应于算术类的电路，因为它们运用了一些运算属性，但这些技术并不适合随机逻辑。一个非算术类电路的并发错误检测的例子是奇偶校验预测。奇偶校验功能表示的是二进制数字集中“1”的个数是奇数还是偶数。参考文献（Nicolaidis，Duarte，1998，Nicolaidis，2003；Mitra，Mccluskey，2002）描述了设计具有奇偶校验预测功能的数据路径逻辑电路和通用组合逻辑电路的技术。

图 9—21 表示的是采用了一位奇偶校验位预测的并发错误检测系统的基本结构。电路有 n 个输出，这些产生输出的逻辑锥形之间无共享部分。这样，单一故障最多只能影响一个输出。不同逻辑锥形中无逻辑共享这一限制条件，会使单奇偶校验位预测有较大的电路面积开销。

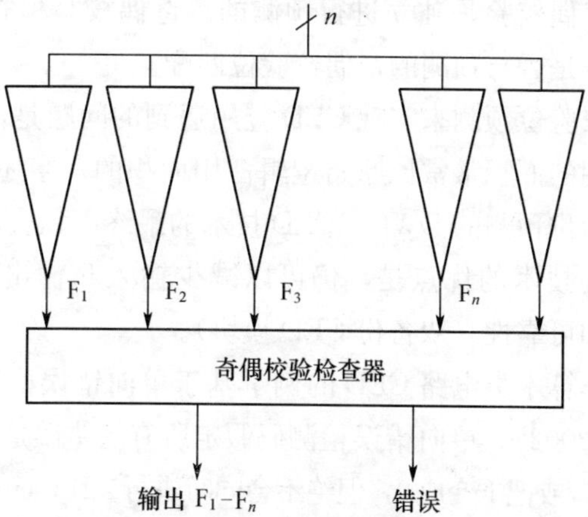

图 9—21　单奇偶校验位的奇偶校验预测

于是，采用单奇偶校验位的思路就扩展到了多奇偶校验位。这一技术把主输出分为不同的奇偶校验组，只允许属于不同奇偶校验组的逻辑圆锥之间共享。每个奇偶校验组有一个奇偶校验位与输出相连。采用奇偶校验检查器对每一个奇偶校验组的输出进行检查。图 9—22表示的是带有 2 个奇偶校验位位置的组合逻辑电路的一般结

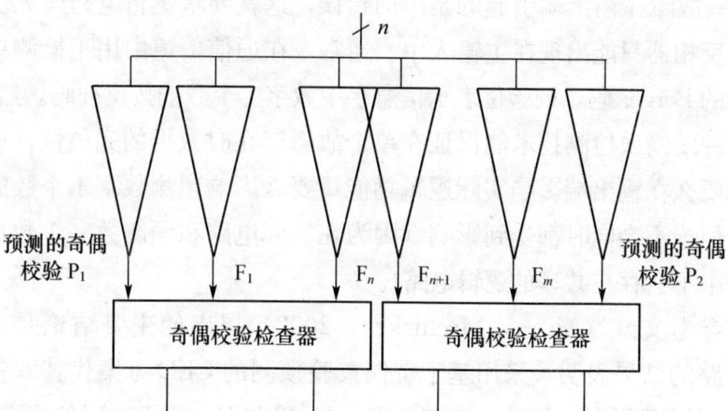

图 9—22　用于并发错误检测的多奇偶校验位

构。输出的奇偶校验是独立进行预测的。奇偶校验检查器检查输出的实际校验位是否与预测的奇偶校验位匹配。

用奇偶校验位预测来实现 CED 应用遇到的问题是，奇偶校验预测逻辑所占用的面积常常比原始逻辑占用面积的一半还要多。这样，采用奇偶校验位预测的 DWC－CED 技术的最终面积会超过 TMR 的面积。但这种技术的优点是，仍可以减少输入和输出端口的数目，并有可能增加可靠性（双备份 CED 模块）。

另一个非算术类电路 CED 的例子基于单向错误检测码（Mitra；Mccluskey，2002）。单向错误检测码假定所有的错误是单向的，即它们把 0 变成 1，或把 1 变成 0，但绝不会同时进行。Berger 码和Bose－Lin 码是两个用于并发错误检测的单向错误检测码。Berger 码，是将给定的信息字附加一个表示数字 0 的数目（或数字 1 个数的按位补码）的二进制串来形成码字的。这样，由 n 位组成的信息字，Berger 码需要 $\log_2(n+1)$①个额外的位来表示信息字中 0 的数目（或数字 1 个数的按位补码）。Berger 码能够检测所有单向错误。图 9－23 表示的是采用 Berger 码的并发错误检测技术。由于 Berger 码是一种单向错误检测码，因此要确保单一故障在输出端引起的是单向错误，这就要求逻辑电路应无反相器，反相器只能出现在主输入中。通常，在通信信道中用于检测单向错误的 Berger 码，校验位表示信息字中数字 1 个数的按位补码。然而，由于并发错误检测技术能保证在单个故障存在时数据的完整性，单个故障要么在输出端影响实际逻辑功能，要么影响预测数字 1 个数的电路，但绝不会同时都受到影响（因为在实际电路和预测数字 1 数目的电路中不会存在共享的逻辑电路）。

参考文献（Mitra，Mccluskey，2002）提出的主要结论是，基准电路的结果表明，采用基于奇偶校验预测的 CED 方案代替双备份时，逻辑面积有少量减少；基于 Berger 码和 Bose－Lin 码的 CED 方案造成了非常大的面积开销。可以看到，分析组合逻辑的属性，以

---

① 原文为 $n\log 2n$，疑有误。——译者注

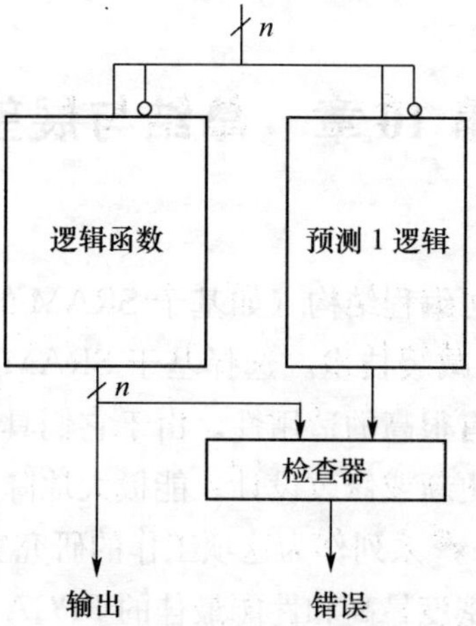

图 9－23　单向错误检测码

选择故障覆盖率和面积开销最佳的技术是非常重要的。除了奇偶校验预测和单向错误检测码，未来的工作还需要研究其他的解决方法，如采用基于可逆逻辑函数的预测方法，以扩展 DWC－CED 方法在非算术类逻辑中的应用。

第 10 章　总结与展望

本书总结了以可编程结构（如基于 SRAM 的 FPGA）为对象而研究和开发的 SEU 减缓技术。选择基于 SRAM 的FPGA,是由于它们在空间应用中具有很高的适用性。由于它们具有可再编程的特点，可在航天器发射后更新或修改设计，能极大地降低空间任务的成本。选择 Xilinx 的 Virtex® 系列作为这项工作的研究实例，是由于它是市场上最热门、逻辑密度最高和性能最佳的 FPGA。

本书陈述了如何在结构和高层方法中对基于 SRAM 的 FPGA 进行防护的问题，研究了几种能防护集成电路，以避免组合逻辑和时序逻辑中出现翻转的容错技术。其目的是分析现有的基于 SRAM 的 FPGA 技术，并开发新的 SEU 减缓技术，在上市时间、低开发成本、高性能、低面积开销、低功耗和高可靠性方面都有很好的效果。另外，嵌入了硬处理器的诸如 Xilinx 的 Virtex® Ⅱ－Pro 系列的 FPGA 变得越来越复杂，因此，必须对微处理器进行防护以防止翻转出现。

在研究的第 1 个阶段，着重研究了防护集成电路抗辐射的现有技术，研究的第 1 个实例电路是 Intel 的 8051 微控制器。之所以选择此微处理器的结构，是因为它代表了现有空间应用需求的主要系统，含有被防护的所有类型的逻辑，同时它还是基于 FPGA 的新一代的带有嵌入微处理器硬核结构的一部分。实验中所用的 8051 微控制器描述由 UFRGS（Carro，Pereira，Suzim，1996）开发。8051 描述中的所有寄存器和存储器采用海明码进行防护（Lima et al.，2000；Lima et al.，2000b）。用 VHDL 设计的故障注入系统来测试经过防护设计的 8051 微控制器（Lima et al.，2001a）。结果表明，海明码在单一翻转出现时具有高可靠性。防护设计版在 Altera 的 FPGA 板上完成了原型，并且进行了地面辐射测试。辐射结果表明，采用具有多故障纠正能力的纠错码是必要的。在参考文献（Lima et al.，2002a）中，介绍了8051微控制器结构中多故障效应的故障注入研究。

研究的第2个阶段关注的是可编程领域。本书详细地分析了基于SRAM的FPGA可编程矩阵中的SEU效应。当FPGA中的用户组合逻辑发生一个翻转时，它会引起一个在ASIC中通常不会看到的非常特殊的效应。SEU行为表现为一个瞬时的影响，接着是一个永久影响。翻转既可以影响组合逻辑，也可以影响布线。这类瞬时变化紧跟着永久故障的效应，不能用ASIC的标准容错技术来处理，这些技术包括检错和纠错码（EDAC），海明码，或标准的带有单表决器的TMR，因为编码器、解码器或表决器逻辑中的故障会使这些技术失效。基于SRAM的FPGA抗SEU问题，还没有得到彻底解决，还需要进行更多的研究来改善当前所采用的技术存在的不足。

书中提到了一些结构性的方法来改善可靠性。其中之一是采用RS码与海明码相结合的方法来防护嵌入存储器的多位翻转。这一创新方法可以很容易地用在任何存储器结构中进行防护，以防止所有的双位翻转和大量的多位翻转组合的出现。这一技术在FPGA中实现了原型，结果表明面积开销对于达到的可靠性还是可以接受的（Neuberger，Lima，Carro，Reis，2003）。这一技术相对于TMR的主要优点之一是校验位开销小，在TMR中校验位开销达到了200%，而在我们提出的方法中大约为10%～20%不等。这一技术的缺点是有性能损失。未来的工作将在ASIC中应用编码器和解码器模块来评估面积和性能。我们期待着相对于FPGA原型，能有一个较低的面积开销和性能损失。

另一个结构性的方法，是采用具有SET检测能力的加固的存储器单元来替换CLB中的触发器，以避免位翻转和CLB中的组合逻辑门，如多路选择器中的瞬时故障造成的错误。此方法能防护触发器在第1级、第2级和第3级产生SEU和SET，这在超深亚微米技术中得到了极大的关注。未来的工作将设计一个小的SEU加固的FP-GA原型版本（逻辑、仿真和布局），采用加固的存储器单元、RS

码和海明码，并进行故障测试。

但是，本书主要关注的是采用高层描述的 SEU 减缓技术，这种技术具有用户应用容易、成本低廉和上市周期短的特点。具有表决器的 TMR 是常用的防护 ASIC 以防止 SEU 发生的高层技术，它也能用来防护 FPGA。通过采用基于计数器的小型设计，首次测试了 Virtex® FPGA 结构中的 TMR 技术。在 FPGA 的所有敏感部分采用位流注入了故障，并对 Virtex®平台上的一个 TMR 设计进行了详细的故障影响分析。这项工作在 FPGA 中的位流（结构中 SRAM 单元之一）故障和 FPGA 综合的设计逻辑之间建立了一个关系。故障注入和地面辐射设备测试的结果表明了相关实例研究电路 TMR 设计的效率。

为了在 Virtex®平台上测试采用 TMR 防护的更复杂电路（至少包括嵌入存储器）的效果，对类 8051 微控制器描述采用 TMR 进行了防护设计，并在 FPGA 中进行了测试。通过故障注入和地面设备的质子辐射对 TMR 防护的 8051 微控制器进行了测试。参考文献（LIMA et al.，2001b）列举的故障注入分析表明，与布线相关的位流只有少数翻转的位在 TMR 设计中能引起错误。这一限制是由于可编程单元翻转时，开关矩阵会连接两个不同冗余模块中的信号。根据第 2 章所讨论的内容，对于基于 SRAM 的 FPGA，没有一种完全有效的方法能保证在所有的条件下对 SEU 做到 100%可靠的防护。本书的目的是调研现有技术，并从增加可靠性的方面提出改进方法。虽然 TMR 表现出高可靠性，但该技术仍有一些局限性，如面积开销，3 倍多的输入和输出引脚，明显的功耗增加等。

为了减小 TMR 的成本并改善可靠性，作者开发了一种新的高层技术，用于在基于 SRAM 的 FPGA 上设计容错系统，而无需修改 FPGA结构。最先提出的方法是将时间冗余和硬件冗余相结合，以减少面积和引脚数的开销（Lima，Carro，Reis，2003a）。这一方法基于在设计的组合逻辑模块中进行双备份比较和时间冗余。它可以应用于算术和非算术电路中。虽然相比完全的硬件冗余，应用时间冗余技术能成功地减少引脚数和面积开销，但瞬时并发错误检测技术不能百分之百地纠正发生在FPGA中的故障。这种方法的另一个损失是在观测期间造成的性能损失。随着工作的进展，通过基于永久故障检测的经过改进的时间冗余技术的应用，可以改善故障纠正并减少每个时钟周期的性能损失。

上述技术经过改进,形成了一种具有相同低成本,但同时确保了高可靠性的新技术。它基于双备份比较与并发错误检测的相结合(DWC－CED)(Lima,Carro,Reis,2003b)。本书提到的这项新技术,是专门为FPGA而开发的,用于在用户组合逻辑和时序逻辑中防止瞬时故障变成永久故障,同时还可以减少引脚数、面积和功耗。这种采用RESO技术的DWC－CED方法已成功地应用在算术电路中，用于检测和纠正永久故障。上述方法在仿真板上通过故障注入试验进行了验证。结果表明，两个研究实例中（乘法器和数字滤波器）面积和引脚数减少了10％～33％。另外，对于数字滤波器而言，能在组合逻辑和时序逻辑中应用DWC－CED方法而不会丧失防护能力。对于非算术类电路，在DWC－CED方法中可以使用诸如奇偶校验预测等技术。

DWC－CED方法表现出一些性能方面的损失。未来的工作将对这一方法进行改进，以减少性能损失。另外还需研究检测非算术类组合逻辑电路中永久故障的替代方法。这些方法必须降低面积开销并具有高的故障覆盖率。根据最终的应用目标，减少面积、引脚数或功耗都会变得更加重要。另一个要研究的问题是，针对一些特定的应用，在不降低可靠性的前提下，开发出能加快运行速度、增加面积的折中的技术。

在空间应用中考虑采用FPGA还是最近的事情，这一领域还有很多工作要做。概括地说，本书的主要贡献是详细分析了基于SRAM的FPGA结构中SEU的影响，研究、试验和测试了当前的容错技术，开发出了一套新的针对集成电路尤其是基于SRAM的FPGA电路的既提高了可靠性又减少了开销的SEU减缓技术。

缩写词中英文对照

ALU	Arithmetic Logic Unit	算术逻辑单元
ASIC	Application Specific Integrated Circuit	专用集成电路
BRAM	Block RAM	RAM块
CED	Concurrent Error Detection	并发错误检测
CLB	Configurable Logic Block	可配置逻辑块
CLK	Clock	时钟
COTS	Commercial-off-the-Shelf	商用货架
CWSP	Code Word State Preserving	码字状态保持
DICE	Dual Interlocked Storagecell	双互锁存储单元
DMR	Dual Modular Redundancy	双模冗余
DSP	Digital Signal Processing	数字信号处理
DUT	Device Under Test	被测器件
DWC	Duplication with Comparison	双备份比较
DWC—CED	Duplication with Comparison Combined to Concurrent Error Detection Block	结合并发错误检测的双备份比较

EDAC	Error Detection and Correction Codes	检错纠错码
EDC	Error Detection Coding	检错编码
FA	Full Adder	全加器
FIR	Finite-Length Lmpulse Response	有限长脉冲响应滤波器
FPGA	Field Programmable Gate Array	现场可编程门阵列
FSM	Finite State Machine	有限状态机
GRM	General Routing Matrix	通用布线矩阵
HIT	Heavy Ion Tolerant	抗重离子
IC	Integrated Circuit	集成电路
IOB	Programmable Input and Output Block	可编程输入输出块
IMUX	Input Multiplexers	输入多路选择器
JTAG	Joint Test Action Group	联合测试行动组
LET	Linear Energy Transfer	线性能量转移
LUT	Lookup Table	查找表
MAJ	Majority	多数（表决器）
MBU	Multiple Bit Upset	多位翻转
MIN	Multistage Interconnection Network	多级互连网络
MTBF	Mean Time between Failures	平均无故障时间

NRE	Non－recurring Engineering	一次性工程
OMUX	Output Multiplexers	输出多路选择器
PAR	Place and Route	布局布线
PIP	Programmable Interconnect Points	可编程互连点
POR	Power－on－Reset	上电复位
PROM	Programmable Read－Only Memery	可编程只读存储器
RESO	RE－computing with Shift Operands	操作数移位重计算
RESWO	RE－computing with Swapped Operands	操作数交换重计算
SDK	Software Development Kit	软件开发包
SEC	Single Error Correction	单错纠正
SEE	Single Event Effect	单粒子效应
SEFI	Single Event Functional Interrupt	单粒子引起功能中断
SEL	Single Event Latch－up	单粒子锁定
SelectMAP	Selectable Microprocessor Access Port	可选微处理器访问端口
SET	Single Transient Effect	单粒子瞬时效应

SEU	Single Event Upset	单粒子翻转
SIFT	Software Implemented Fault Tolerance	软件实现的容错
SOC	System－on－a－Chip	片上系统
SOI	Silicon－on－Insulator	绝缘体硅片
SONOS	Silicon－Oxide Nitride－Oxide Semiconductor	氧化硅氧化氮半导体
SRAM	Static Random Access Memory	静态随机访问存储器
TAP	Test Access Port	测试访问端口
TID	Total Ionization Dose	总剂量
TMR	Triple Modular Redundancy	三模冗余
TRV	Triple Redundancy Voter	三模冗余表决器
VDSM	Very Deep Submicron	超深亚微米

参考文献

[1] ACTEL INC. Using Synplify to Design in Actel Radiation-Hardened FPGAs: Application Report, USA, 2000. Available at: <www. actel. com/app-notes>. Visited on November, 2000.

[2] ACTEL INC. , RT54SX-S Rad-Tolerant FPGAs for Space Applications: Data Sheet. USA, 2001. Available at: <www. actel. com/datasheets>. Visited on August, 2001.

[3] ALDERIGHI, M. et al. A Fault-Tolerant FPGA-based Multi-Stage Interconnection Network for Space Applications. In: IEEE INTERNATIONAL WORKSHOP ON ELECTRONIC DESIGN, TEST AND APPLICATIONS, DELTA, 1. , 2002. Proceedings... IEEE Computer Society, 2002. p. 302-306.

[4] ALEXANDRESCU, D. ; ANGHEL, L. ; NICOLAIDIS, M. New methods for evaluating the impact of single event transients in VDSM ICs. In: IEEE INTERNATIONAL SYMPOSIUM ON DEFECT AND FAULT TOLERANCE IN VLSI SYSTEMS WORKSHOP, DFT, 17. , 2002. Proceedings... IEEE Computer Society, 2002. p. 99-107.

[5] ALFKE, P. ; PADOVANI, R. Radiation Tolerance on High-Density FPGAs. San Jose, USA: Xilinx, 1998.

[6] ALTERA INC. Data Book. USA, 2001. Available at: <www. altera. com>. Visited on November, 2001.

[7] ANGHEL, L. ; ALEXANDRESCU, D. ; NICOLAIDIS, M. Evaluation of a soft error tolerance technique based on time and/or space redundancy. In: SYMPOSIUM ON INTEGRATED CIRCUITS AND SYSTEMS DESIGN, SBCCI, 13. , 2000. Proceedings... Los Alamitos: IEEE Computer Society, 2000. p. 237-242.

[8] AVIZIENIS, A. Arithmetic Codes: Cost and Effectiveness Studies for Appli-

caltions in Digital Systems Design. IEEE Transactions on Computer, New York, v. C-20, Nov. 1971.

[9] ATMEL INC. Data Book. USA, 2001. Available at: <www. atmel. com>. Visited on November, 2001.

[10] BARTH, J. Applying Computer Simulation Tools to Radiation Effects Problems. In: IEEE NUCLEAR SPACE RADIATION EFFECTS CONFERENCE, NSREC, 1997. Proceedings... IEEE Computer Society, 1997. p. 1-83.

[11] BAUMANN, R.; SMITH, E. Neutron-induced boron fission as a major source of soft errors in deep submicron SRAM devices. In: IEEE INTERNATIONAL RELIABILITY PHYSICS SYMPOSIUM, 38., 2000. Proceedings... IEEE Computer Society, 2000.

[12] BAUMANN, R. Soft errors in advanced semiconductor devices-part I: the three radiation sources. IEEE Transactions on Device and Materials Reliability, New York, v. 1, n. 1, p. 17-22, Mar. 2001.

[13] BENS, H. et al. Low power radiation tolerant VLSI for advanced spacecraft. In: IEEE AEROSPACE CONFERENCE, 2002. Proceedings... IEEE Computer Society, 2002. p. 5-2401-5-2406.

[14] BERNARDI, P.; REORDA, M. S.; STERPONE, L.; VIOLANTE, M. On the evaluation of SEUs sensitiveness in SRAM-based FPGAs, 10th IEEE International On-line Testing Symposium, 2004. pp. 115-120.

[15] BESSOT, D.; VELAZCO, R. Design of SEU-hardened CMOS memory cells: the HIT Cell. In: EUROPEAN CONFERENCE ON RADIATION AND ITS EFFECTS ON COMPONENTS AND SYSTEMS, RADECS, 2., 1993. Proceedings... IEEE Computer Society, 1993. p. 563-570.

[16] BETZ, V.; ROSE, J. FPGA Routing Architecture: Segmentation and Buffering to Optimize Speed and Density. In: ACM/SIGDA INTERNATIONAL SYMPOSIUM FIELD PROGRAMMABLE GATE ARRAY, FPGA, 1999. Proceedings... New York: ACM, 1999.

[17] BOREL, J.; GAUTIER, J.; GASIOT, J. Silicon Redemption. In: EUROPEAN CONFERENCE ON RADIATION AND ITS EFFECTS, ON COMPONENTS AND SYSTEMS, RADECS, 2001. Proceedings... IEEE Com-

puter Society, 2001.

[18] CAFFREY, M.; GRAHAM, P.; JOHNSON, E. Single Event Upset in SRAM FPGAs. In: MILITARY AND AEROSPACE APPLICATIONS OF PROGRAMMABLE LOGIC CONFERENCE, MAPLD, 2002. Proceedings..., 2002.

[19] CALIN, T.; NICOLAIDIS, M.; VELAZCO, R. Upset hardened memory design for submicron CMOS technology. IEEE Transactions on Nuclear Science, New York, v. 43, n. 6, p. 2874-2878, Dec. 1996.

[20] CANARIS, J.; WHITAKER, S. Circuit techniques for the radiation environment of space. In: CUSTOM INTEGRATED CIRCUITS CONFERENCE, 1995. Proceedings... IEEE Computer Society, 1995. p. 77-80.

[21] CARMICHAEL, C.; CAFFREY, M.; SALAZAR, A. Correcting Single-Event Upsets Through Virtex® Partial Configuration: Application Notes 216. San Jose, USA: Xilinx, 2000.

[22] CARMICHAEL, C. Triple Module Redundancy Design Techniques for Virtex® Series FPGA: Application Notes 197. San Jose, USA: Xilinx, 2000.

[23] CARMICHAEL, C.; FULLER, E.; FABULA, J.; LIMA, F. Proton Testing of SEU Mitigation Methods for the Virtex® FPGA. In: INTERNATIONAL CONFERENCE ON MILITARY AND AEROSPACE APPLICATIONS OF PROGRAMMABLE LOGIC DEVICES, MAPLD, 2001. Proceedings..., 2001.

[24] CARRO, L.; PEREIRA, C.; SUZIM, A. Prototyping and reengineering of microcontroller based systems. In: IEEE INTERNATIONAL WORKSHOP ON RAPID SYSTEM PROTOTYPING, RSP, 7., 1996. Proceedings... IEEE Computer Society, 1996. p. 178-182.

[25] CARMICHAEL, C.; FULLER, E.; BLAIN, P.; CAFFREY, M. SEU Mitigation Techniques for Virtex® FPGAs in Space Applications. San Jose, USA: Xilinx, 1999.

[26] COLINGE, J. Silicon-on-Insulator Technology: Overview and Device Physics. In: IEEE NUCLEAR SPACE RADIATION EFFECTS CONFERENCE, NSREC, 2001. Proceedings... IEEE Computer Society, 2001.

[27] COTA, E.; LIMA, F.; REZGUI, S.; CARRO, L.; VELAZCO, R.;

LUBASZEWSKI, M.; REIS, R. Synthesis of an 8051-like Micro-Controller Tolerant to Transient Faults. Journal of Electronic Testing Theory and Applications, JETTA, MA, USA, v. 17, n. 2, 2001.

[28] COTA, E. et al. Implementing a self-testing 8051 microprocessor. In: SYMPOSIUM ON INTEGRATED CIRCUITS AND SYSTEMS DESIGN, SBCCI, 1999. Proceedings... Los Alamitos: IEEE Computer Society, 1999. p. 202-205.

[29] CRAIN, S. et al. Analog and digital single-event effects experiments in space. IEEE Transactions on Nuclear Science, New York, v. 48, n. 6, Dec. 2001.

[30] WHEN or Will FPGAs kill ASICs? Panel presented at ACM Design Automation Conference, DAC, 2001.

[31] DELONG, T. A.; JOHNSON, B. W.; PROFETA, J. A. A fault injection technique for VHDL behavioral-level models. IEEE Design & Test of Computers, New York, v. 13 n. 4, p. 24-33, Winter 1996.

[32] DENTAN, M. Radiation Effects On Electronic Components And Circuits. In: TRAINING COURSE OF THE EUROPEAN ORGANIZATION FOR NUCLEAR RESEARCH, CERN, 2000. Available at: <http://atlas.web.cern.ch/Atlas/GROUPS/FRONTEND/radhard.htm>. Visited on June, 2001.

[33] DEPREITERE, J.; VAN MARCK, H.; VAN CAMPENHOUT, J. Evaluation of FPGA Switch Matrices using a Monte Carlo Approach. In: JAPANESE FPGA/PLD DESIGN CONFERENCE, 6., 1998. Proceedings..., 1998. p. 303-306.

[34] DODD, P. E.; MASSENGILL, L. W. Basic Mechanism and Modeling of Single-Event Upset in Digital Microelectronics, IEEE Transaction on Nuclear Science, vol. 50, pp. 583-602, June 2003.

[35] DUPONT, E.; NICOLAIDIS, M.; ROHR, P. Embedded robustness IPs for transient-error-free ICs. IEEE Design & Test of Computers, New York, v. 19, n. 3, p. 54-68, May-June 2002.

[36] FULLER, E. et al. Radiation Testing Update, SEU Mitigation, and Availability Analysis of the Virtex® FPGA for Space Re-configurable Computing.

In: IEEE NUCLEAR SPACE RADIATION EFFECTS CONFERENCE, NSREC, 2000. Proceedings... IEEE Computer Society, 2000.

[37] FULLER, E. et al. Radiation test results of the Virtex® FPGA and ZBT SRAM for Space Based Reconfigurable Computing. In: INTERNATIONAL CONFERENCE ON MILITARY AND AEROSPACE APPLICATIONS OF PROGRAMMABLE LOGIC DEVICES, MAPLD, 2002. Proceedings..., 2002.

[38] GAISLER, J. A portable and fault-tolerant microprocessor based on the SPARC v8 architecture. In: INTERNATIONAL CONFERENCE ON DEPENDABLE SYSTEMS AND NETWORKS, 2002. Proceedings... IEEE Computer Society, 2002. p. 409-415.

[39] GUCCIONE, S. A.; LEVI, D.; SUNDARARAJAN, P. JBits: A Java-based interface for reconfigurable computing. In: Military and Aerospace Applications of Programmable Devices and Technologies Conference (MAPLD), Laurel, MD, Sept. 1999.

[40] HASS, K. J.; TREECE, R. K.; GIDDINGS, A. E. A radiation-hardened 16/32-bit microprocessor. IEEE Transactions on Nuclear Science, New York, v. 36, n. 6, p. 2252-2257, Dec. 1989.

[41] HASS, J. et al. Mitigating Single Event Upsets From Combinational Logic. In: NASA SYMPOSIUM ON VLSI DESIGN, 7., 1998. Proceedings..., 1998.

[42] HASS, J. Probabilistic Estimates of Upset Caused by Single Event Transients. In: NASA SYMPOSIUM ON VLSI DESIGN, 8., 1999. Proceedings..., 1999.

[43] HENTSCHKE, R.; MARQUES, F.; LIMA, F.; CARRO, L.; SUS1N, A.; REIS, R. Analyzing area and performance penalty of protecting different digital modules with hamming code and triple modular redundancy. In: SYMPOSIUM ON INTEGRATED CIRCUITS AND SYSTEMS DESIGN, 15., 2002. Proceedings..., Los Alamitos: IEEE Computer Society, 2002. p. 95-100.

[44] HONEYWELL INC. MIL-STD-1705A Microprocessor Data Sheet. USA, 2003.

[45] HOUGHTON, A. D. The Engineer' s Error Coding Handbook. London: Chapman & Hall, 1997.

[46] HUANG, W.; MCCLUSKEY, E. A. Memory Coherence Technique for Online Transient Error Recovery of FPGA Configurations. In: ACM/SIGDA INTERNATIONAL SYMPOSIUM ON FIELD PROGRAMMABLE GATE ARRAY, FPGA, 2001. Proceedings... New York: ACM, 2001. p. 183-192.

[47] IBM INC. SOI Technology: IBM' s Next Advance in Chip Design. USA, 2000. Available at: <www. ibm. com>. Visited on November, 2000.

[48] INTEL INC. Embedded Micro-controllers Datasheet. USA, 1994.

[49] IROM, F. et al. Single-event upset in commercial silicon-on-insulator PowerPC microprocessors. In: IEEE INTERNATIONAL SILICON-ON-INSULATOR CONFERENCE, 2002. Proceedings... IEEE Computer Society, 2002. p. 203-204.

[50] JOHNSTON, A. Scaling and Technology Issues for Soft Error Rates. In: RESEARCH CONFERENCE ON RELIABILITY, 4., 2000. Proceedings... Palo Alto: Stanford University, 2000.

[51] JOHNSON, B.; AYLOR, J. H.; HANA, H. Efficient Use of Time and Hardware Redundancy for Concurrent Error Detection in a 32-bit VLSI Adder. IEEE Journal of Solid-State- Circuits, New York, v. 23, n. 1, p. 208-215, Feb. 1988.

[52] KASTENSMIDT, F. L.; STERPONE, L.; CARRO, L; REORDA, M. On the Optimal Design of Triple Modular Redundancy Logic for SRAM-based FPGAs. In: Design, Automation and Test in Europe, DATE, 2005.

[53] KATZ, R. et al. An SEU-Hard flip-Flop for Antifuse FPGAs. In: INTERNATIONAL CONFERENCE ON MILITARY AND AEROSPACE APPLICATIONS OF PROGRAMMABLE LOGIC DEVICES, MAPLD, 2001. Proceedings..., 2001.

[54] KATZ, R. et al. Radiation effects on current field programmable technologies. IEEE Transactions on Nuclear Science, New York, v. 44, n. 6, p. 1945-1956, Dec. 1997.

[55] KATZ, R. et al. Current radiation issues for programmable elements and devices. IEEE Transactions on Nuclear Science, New York, v. 45, n. 6, p. 2600-2610, Dec. 1998.

[56] KATZ, R. et al. The effects of architecture and process on the hardness of programmable technologies. IEEE Transactions on Nuclear Science, New York, v. 46, n. 6, p. 1736-1743, Dec. 1999.

[57] KINZEL, C., KASTENSMIDT, F. L., CARRO, L. Mapping the Virtex Customization Bits with JBits Classes for Selective Bitstream Fault Injection. IEEE Latin-American Test Workshop (6. : 2005: Salvador, BA). [Digest of papers], pp. 97-102.

[58] KINZEL, C.; KASTENSMIDT, F. L.; CARRO, L. Improving Reliability of SRAM-Based Improving Reliability of SRAM-Based. In: European Conference On Radiation And Its Effects On Components And Systems (RADECS), 2005, New York: IEEE, 2005.

[59] KUMAR, B. K. An FPGA Architecture with Error Correction Capability. In: ACM/SIGDA INTERNATIONAL SYMPOSIUM ON FIELD PROGRAMMABLE GATE ARRAYS, FPGA, 2003. Proceedings... New York: ACM, 2003.

[60] LABEL, K. et al. A roadmap for NASA's radiation effects research in emerging microelectronics and photonics. In: IEEE AEROSPACE CONFERENCE, 2000. Proceedings... IEEE Computer Society, 2000. p. 535-545.

[61] LACH, J.; MANGIONE-SMITH, W.; POTKONJAK, M. Efficient Error Detection, Localization and Correction for FPGA-Based Debugging. In: ACM/SIGDA INTERNATIONAL DESIGN AUTOMATION CONFERENCE, DAC, 2000. Proceedings... IEEE Computer Society, 2000.

[62] LACH, J.; MANGIONE-SMITH, W.; POTKONJAK, M. Efficiently supporting fault- tolerance in FPGAs. In: ACM/SIGDA INTERNATIONAL SYMPOSIUM ON FIELD PROGRAMMABLE GATE ARRAYS, FPGA, 1998. Proceedings... New York: ACM, 1998. p. 105-115.

[63] LEAVY, J. et al. Upset due to a single particle caused propagated transient in a bulk CMOS microprocessor. IEEE Transactions on Nuclear Science, New York, v. 38, n. 6, p. 1493-1499, Dec. 1991.

[64] LERAY, J. Earth and Space Single-Events in Present and Future Electronics. In: EUROPEAN CONFERENCE ON RADIATION AND ITS EFFECTS ON COMPONENTS AND SYSTEMS, RADECS, 6., 2001. Short

Course. IEEE Computer Society, 2001.

[65] LIMA, F.; COTA, E.; CARRO, L.; LUBASZEWSKI, M.; REIS, R.; VELAZCO, R.; REZGUI, S. Designing a radiation hardened 805 l-like micro-controller. In: SYMPOSIUM ON INTEGRATED CIRCUITS AND SYSTEMS DESIGN, SBCCI, 13., 2000. Proceedings... Los Alamitos: IEEE Computer Society, 2000a. p. 255-260.

[66] LIMA, F.; REZGUI, S.; COTA, E.; CARRO, L.; LUBASZEWSKI, M.; VELAZCO, R.; REIS, R. Designing and Testing a Radiation Hardened 8051-like Micro-controller. In: INTERNATIONAL CONFERENCE ON MILITARY AND AEROSPACE APPLICATIONS OF PROGRAMMABLE LOGIC DEVICES, MAPLD, 2000. Proceedings..., 2000b.

[67] LIMA, F.; REZGUI, S.; CARRO, L.; VELAZCO, R.; REIS, R. On the use of VHDL simulation and emulation to derive error rates. In: EUROPEAN CONFERENCE ON RADIATION AND ITS EFFECTS ON COMPONENTS AND SYSTEMS, RADECS, 2001. Proceedings... IEEE Computer Society, 2001a. p. 253-260.

[68] LIMA, F.; CARMICHAEL, C.; FABULA, J.; PADOVANI, R.; REIS, R. A fault injection analysis of Virtex® FPGA TMR design methodology. In: EUROPEAN CONFERENCE ON RADIATION AND ITS EFFECTS ON COMPONENTS AND SYSTEMS, RADECS, 2001. Proceedings... IEEE Computer Society, 200lb. p. 275-282.

[69] LIMA, F.; CARRO, L.; VELAZCO, R.; REIS, R. Injecting Multiple Upsets in a SEU tolerant 8051 Micro-controller. In: LATIN AMERICA TEST WORKSHOP, LATW, 2002. Proceedings... Amissville: IEEE Computer Society, 2002a.

[70] LIMA, F.; CARRO, L.; VELAZCO, R.; REIS, R. Injecting multiple upsets in a SEU tolerant 8051 micro-controller. In: IEEE INTERNATIONAL ON-LINE TESTING WORKSHOP, IOLTW, 8., 2002. Proceedings... IEEE Computer Society, 2002b. p. 194.

[71] LIMA, F.; CARRO, L.; REIS, R. Prototyping, verification, and test: Reducing pin and area overhead in fault-tolerant FPGA-based designs. In: ACM/SIGDA INTERNATIONAL SYMPOSIUM ON FIELD PROGRAM-

MABLE GATE ARRAYS, FPGA, 2002. Proceedings... New York: ACM, 2003a. p. 108-117.

[72] LIMA, F.; CARRO, L; REIS, R. Techniques for reconfigurable logic applications: Designing fault tolerant systems into SRAM-based FPGAs. In: INTERNATIONAL DESIGN AUTOMATION CONFERENCE, DAC, 2003. Proceedings... New York: ACM, 2003b. p. 650-655.

[73] LIU, M. N.; WHITAKER, S. Low power SEU immune CMOS memory circuits. IEEE Transactions on Nuclear Science, New York, v. 39, n. 6, p. 1679-1684, Dec. 1992.

[74] LUBASZEWSKI, M.; COURTOIS, B. A reliable fail-safe system. IEEE Transactions on Computers, New York, v. 47, n. 2, p. 236-241, Feb. 1998.

[75] LUM, G.; MARTIN, L. Single Event Effects Testing of Xilinx FPGAs. San Jose, USA: Xilinx, 1998.

[76] MATHWORKS INC. Matlab and Simulink Documentation. USA, 2003.

[77] MAVIS, D.; EATON, P. SEU and SET Mitigation Techniques for FPGA Circuit and Configuration Bit Storage Design. In: INTERNATIONAL CONFERENCE ON MILITARY AND AEROSPACE APPLICATIONS OF PROGRAMMABLE LOGIC DEVICES, MAPLD, 2000. Proceedings..., 2000.

[78] MAVIS, D.; EATON, P. Soft error rate mitigation techniques for modem microcircuits. In: RELIABILITY PHYSICS SYMPOSIUM, 40., 2002. Proceedings..., 2002. p. 216-225.

[79] MAVIS, D. et al. A Reconfigurable, Nonvolatile, Radiation Hardened Field Programmable Gate Array (FPGA) for Space Applications. In: INTERNATIONAL CONFERENCE ON MILITARY AND AEROSPACE APPLICATIONS OF PROGRAMMABLE LOGIC DEVICES, MAPLD, 1998. Proceedings..., 1998.

[80] MAXWELL TECHNOLOGIES. Product Data sheet. USA, 2001. Available at: ＜www. spaceelectronics. com/＞. Visited on January, 2002.

[81] MESSENGER, G. C. Collection of Charge on Junction Nodes from Ion Tracks, IEEE Trans. Nuclear Science, vol. NS-29, pp. 2024-2031, Dec. 1982.

[82] MITRA, S.; MCCLUSKEY, E. Which Concurrent Error Detection Scheme To Choose? In: INTERNATIONAL TEST CONFERENCE, ITC, 2002. Proceedings... IEEE Computer Society, 2002.

[83] MITRA, S.; SHIRVANI, P.; MCCLUSKEY, E. Fault Location in FPGA-Based Reconfigurable Systems. In: WORKSHOP ON DEFECT AND FAULT-TOLERANCE IN VLSI SYSTEMS, 1998. Proceedings... IEEE Computer Society, 1998.

[84] MOORE, G. E. Progress in Digital Integrated Electronics. Digest of the 1975 International Electron Devices Meeting, New York, p. 1113, 1975.

[85] MUSSEAU, O.; FERLET-CAVROIS, V. Silicon-on-Insulator Technology: Radiation Effects. In: IEEE NUCLEAR SPACE RADIATION EFFECTS CONFERENCE, NSREC, 2001. Short Course. IEEE Computer Society, 2001.

[86] NASA. Radiation Effects on Digital Systems. USA, 2002. Available at: <radhome. gsfc. nasa. gov/top. htm>. Visited on January, 2003.

[87] NEUBERGER, G.; LIMA, F.; CARRO, L.; REIS, R. A Multiple Bit Upset Tolerant SRAM Memory. Transactions on Design Automation of Electronic Systems, TODAES, New York, v. 8, n. 4, Oct. 2003.

[88] NICOLAIDIS, M.; PEREZ, R. Measuring the width of transient pulses induced by radiation. In: IEEE INTERNATIONAL RELIABILITY PHYSICS SYMPOSIUM, 2003. Proceedings... IEEE Computer Society, 2003. p. 56-59.

[89] NICOLAIDIS, M. Carry checking/parity prediction adders and ALUs. IEEE Transactions on Very Large Scale Integration (VLSI) Systems, New York, v. 11, n. 1, p. 121-128, Feb. 2003.

[90] NICOLAIDIS, M.; DUARTE, R. O. Design of fault-secure parity-prediction Booth multipliers. In: INTERNATIONAL CONFERENCE ON DESIGN, AUTOMATION AND TEST IN EUROPE, DATE, 1998. Proceedings... IEEE Computer Society, 1998. p. 7-14.

[91] NICOLAIDIS, M. Time redundancy based soft-error tolerance to rescue nanometer technologies. In: IEEE VLSI TEST SYMPOSIUM, 17., 1999. Proceedings ... IEEE Computer Society, 1999. p. 86-94.

[92] NORMAND, E. Correlation of in-flight neutron dosimeter and SEU measurements with atmospheric neutron model. IEEE Transactions on Nuclear Science, New York, v. 48, n. 6, p. 1996-2003, Dec. 2001.

[93] NORMAND, E.; BAKER, T. J. Altitude and latitude variations in avionics SEU and atmospheric neutron flux. IEEE Transactions on Nuclear Science, New York, v. 40, n. 6, p. 1484-1490, Dec. 1993.

[94] NORMAND, E. Single event upset at ground level. IEEE Transactions on Nuclear Science, New York, v. 43, n. 6, p. 2742-2750, Dec. 1996.

[95] O' BRYAN, M., LABEL, K. Recent Radiation Damage and Single Event Effect Results for Candidate Spacecraft Electronics. In: IEEE NUCLEAR SPACE RADIATION EFFECTS CONFERENCE, NSREC, 2001. Proceedings... IEEE Computer Society, 2001.

[96] O' BRYAN, M. et al. Current single event effects and radiation damage results for candidate spacecraft electronics. In: IEEE RADIATION EFFECTS DATA WORKSHOP, 2002. Proceedings... IEEE Computer Society, 2002. p. 82-105.

[97] OHLSSON, M.; DYREKLEV, P.; JOHANSSON, K.; ALFKE, P. Neutron Single Event Upsets in SRAM based FPGAs. In: IEEE NUCLEAR SPACE RADIATION EFFECTS CONFERENCE, NSREC, 1998. Proceedings... IEEE Computer Society, 1998.

[98] PATEL, J. H.; FUNG, L. Y. Concurrent Error Detection in ALUs by Recomputing with Shifted Operands. IEEE Transactions on Computer, New York, v. C-31, July 1982.

[99] PATEL, J.; FUNG, L. Multiplier and Divider Arrays with Concurrent Error Detection. In: INTERNATIONAL SYMPOSIUM ON FAULT-TOLERANT COMPUTING, 1996. Proceedings... IEEE Computer Society, 1996.

[100] PETERSON, W. Wesley. Error-correcting codes. 2nd. ed. Cambridge: The Mit Press, 1980. 560p.

[101] REBAUDENGO, M.; REORDA, M. Si; VIOLANTE, M. Simulation-based Analysis of SEU effects of SRAM-based FPGAs. In: INTERNATIONAL WORKSHOP ON FIELD-PROGRAMMABLE LOGIC AND APPLICATIONS, FPL, 2002. Proceedings... IEEE Computer Society,

2002. p. 607-615.

[102] REBAUDENGO, M. ; REORDA, M. S. ; VIOLANTE, M. ; NICOLESCU, B. ; VELAZCO, R. Coping with SEUs/SETs in microprocessors by means of low-cost solutions: a comparison study. IEEE Transactions on Nuclear Science, New York, v. 49, n. 3, June 2002.

[103] REDINBO, G. ; NAPOLITANO, L. ; ANDALEON, D. Multi-bit Correcting Data Interface or Fault-Tolerant Systems. IEEE Transactions on Computers, New York, v. 42, n. 4, p. 433-446, Apr. 1993.

[104] REED, R. A. et al. Heavy ion and proton-induced single event multiple upset. IEEE Transactions on Nuclear Science, New York, v. 44, n. 6, p. 2224-2229, Dec. 1997.

[105] ROCKETT, L. R. A. design based on proven concepts of an SEU-immune CMOS configurable data cell for reprogrammable FPGAs. Microelectronics Journal, Elsevier, v. 32, p. 99-111, 2001.

[106] ROCKETT, L. R. An SEU-hardened CMOS data latch design. IEEE Transactions on Nuclear Science, New York, v. 35, n. 6, p. 1682-1687, Dec. 1988.

[107] SEXTON, F. et al. SEU simulation and testing of resistor-hardened D-latches in the SA3300 microprocessor. IEEE Transactions on Nuclear Science, New York, v. 38, n. 6, p. 1521-1528, Dec. 1991.

[108] SIA SEMICONDUCTOR INDUSTRY ASSOCIATION. The National Technology Roadmap for Semiconductors. USA, 1994.

[109] SILVA, L. ; LIMA, F. ; CARRO, L. ; REIS, R. Synthesis of the FPGA Version of 8051. In: UFRGS MICROELECTRONICS SEMINAR, 12., 1997, Porto Alegre. Proceedings... Porto Alegre: CPGCC da UFRGS, 1997. p. 115-120.

[110] SKAHILL, K. VHDL for Programmable Logic. Addison Wesley. 1996. p. 1-23.

[111] STASSINOPOULOS, E. ; RAYMOND, J. The space radiation environment for electronics. Proceedings of the IEEE, New York, v. 76, n. 11, p. 1423-1442, Nov. 1988.

[112] STURESSON, F. ; MAUSSON, S. ; CARMICHAEL, C. ; HARBOE-

SORENSEN, R. Heavy ion characterization of SEU mitigation methods for the Virtex® FPGA. In: EUROPEAN CONFERENCE ON RADIATION AND ITS EFFECTS ON COMPONENTS AND SYSTEMS, RADECS, 2001. Proceedings... IEEE Computer Society, 2001. p. 285-291.

[113] SWIFT, G. M.; REZGUI, S.; GEORGE, J.; CARMICHAEL, C.; NAPIER, M.; MAKSYMOWICZ, J.; MOORE, J.; LESEA, A.; KOGA, R.; WROBEL, T. F. Dynamic testing of Xilinx Virtex®-II field programmable gate array (FPGA) input/output blocks (IOBs)., IEEE Transactions on Nuclear Science, v. 51, n. 6, p. 3469-3474, Dec. 2004.

[114] VELAZCO, R. et al. Two CMOS memory cells suitable for the design of SEU-tolerant VLSI circuits. IEEE Transactions on Nuclear Science, New York, v. 41, n. 6, p. 2229-2234, Dec. 1994.

[115] VELAZCO, R.; CHEYNET, P.; ECOFFET, R. Effects of radiation on digital architectures: one year results from a satellite experiment. In: SYMPOSIUM ON INTEGRATED CIRCUITS AND SYSTEMS DESIGN, SBCCI, 1999. Proceedings... Los Alamitos: IEFE Computer Society, 1999. p. 164-169.

[116] VELAZCO, R.; REZGUI, S.; ECOFFET, R. Transient bitflip injection on microprocessor-based digital architectures. In: IEEE NUCLEAR AND SPACE RADIATION EFFECTS CONFERENCE, NSREC, 2000. Proceedings... IEEE Computer Society, 2000.

[117] WANG, J.; WONG, W.; WOLDAY, S.; CRONQUIST, B.; MCCOLLUM, J., KATZ, R.; KLEYNER, I. Single Event Upset and Hardening in 0.15μm Antifuse-Based Field Programmable Gate Array, IEEE Transactions On Nuclear Science, v. 50, n. 6, p. 2158-2166, Dec. 2003.

[118] WANG, J. et al. Clock buffer circuit soft errors in antifuse-based field programmable gate arrays. IEEE Transactions on Nuclear Science, New York, v. 47, n. 6, Dec. 2000.

[119] WANG, J. et al. SRAM based re-programmable FPGA for space applications. IEEE Transactions on Nuclear Science, New York, v. 46, n. 6, p. 1728-1735, Dec. 1999.

[120] WEAVER, H.; et al. An SEU Tolerant Memory Cell Derived from Fun-

damental Studies of SEU Mechanisms in SRAM. IEEE Transactions on Nuclear Science, New York, v. 34, n. 6, Dec. 1987.

[121] WIRTH, G. I. ; VIEIRA, M. G. ; HENES NETO, Egas; KASTENSIMIDT, F. G. L. Single Event Transients in Combinatorial Circuits. 18th International Symposium on Integrated Circuits and Systms Design, (Florianópolis, Brazil). In: Proceedings ... New York (USA): ACM - Association for Computing Machinery, 2005. p. 121-126, 2005a.

[122] WIRTH, G. I. ; VIEIRA, M. G. ; KASTENSIMIDT, F. G. L. Computer Efficient Modeling of SRAM Cell Sensitivity to SEU. In: IEEE Latin American Test Workshop, 2005, Salvador-Bahia. IEEE Latin American Test Workshop. Amissville (USA): IEEE Computer Society, 2005, p. 51-56, 2005b.

[123] WHITAKER, S. ; CANARIS, J. ; LIU, K. SEU hardened memory cells for a CCSDS Reed-Solomon encoder. IEEE Transactions on Nuclear Science, New York, v. 38, n. 6, p. 1471-1477, Dec. 1991.

[124] WISEMAN, D. et al. Design and Testing of SEU / SEL Immune Memory and Logic Circuits in a Commercial CMOS Process. In: IEEE NUCLEAR SPACE RADIATION EFFECTS CONFERENCE, NSREC, 1993. Proceedings... IEEE Computer Society, 1993.

[125] XILINX, INC. Virtex®™ 2.5V Field Programmable Gate Arrays: Datasheet DS003. USA, 2000a.

[126] XILINX, INC. QPRO™ Virtex®™ 2.5V Radiation Hardened FPGAs: Application Notes 151. USA, 2000b.

[127] XILINXINC. Virtex® Series Configuration Architecture User Guide: Application Notes 151. USA, 2000c.

[128] XILINXINC. Virtex®-II IP-Immersion™ Technology Enables Next-Generation Platform FPGAs. Xcell Journal Online. USA, 2001a.

[129] XILINX INC. ISE Software and Chipscope Analyzer Manual. USA, 2001b.

[130] XU, J. et al. A Novel Fault Tolerant Approach for SRAM-Based FPGAs. In: PACIFIC INTERNATIONAL SYMPOSIUM ON DEPENDABLE COMPUTING, 1999. Proceedings... IEEE Computer Society, 2000.

[131] YU, Shu-Yi, MCCLUSKEY, E. Permanent Fault Repair for FPGAs with Limited Redundant Area. In: DESIGN FOR FAULT TOLERANCE CONFERENCE, DFT, 2001. Proceedings... IEEE Computer Society, 2001.
[132] ZOUTENDYK, J.; EDMONDS, L.; SMITH, L. Characterization of multiple-bit errors from single-ion tracks in integrated circuits. IEEE Transactions on Nuclear Science, New York, v. 36, n. 6, p. 2267-2274, Dec. 1989.